# 날로 먹는
# 분자세포 생물학

글·그림 신인철

BM (주)도서출판 성안당

날로 먹는 과학 시리즈를 시작합니다.
뭐라고요?
과학책 시리즈 치고는 제목이 조금 점잖지 못하다고요?
'날로 먹는다'는 표현이 좀 거슬리신다고요?

    사실 '날로 먹는다'는 표현은 '무언가에 정당한 대가를 지불하지 않고 이익을 취하다'라는 뜻으로 많이 쓰이지요. 코로나 비대면 시대에 한 번 녹화한 강의 동영상을 반복해 사용하여 강의를 때우는 교수님들을 보고 "저 교수님은 강의를 날로 드시네."라고 몰래 비난하듯 속닥이거나 인쇄 비용과 종이 값이 들지 않는 전자책으로 높은 매출을 올리는 출판사를 향해 "아 저 출판사는 날로 먹어서 좋겠다."라고 탄식조로 말하기도 하지요.

    날로 먹는 과학 시리즈의 첫 번째 책인『날로 먹는 분자세포생물학』의 타이틀은 사실 '날로 먹는'의 중의적인 의미를 담아 지었습니다. 독자분들께서『날로 먹는 분자세포생물학』을 통해 어려운 분자세포생물학의 여러 이론들을 만화로 접하여 큰 노력을 들이지 않고 '날로 드실 수 있게-쉽게 공부할 수 있도록' 도와드린다는 것이 첫 번째 의미입니다. 복잡하고 난해한 분자세포생물학의 여러 개념을 재미있는 만화를 웃으면서 읽다 보면 저절로 이해할 수 있다는 것이지요.

    '날로 먹는'의 두 번째 의미는 현장감 있는 내용을 생생하게 전해드린다는 뜻입니다. 냉장고의 냉동실에 일정 기간 저장했다가 해동시켜 조금 덜 싱싱한 상태에서 드시거나 삶거나 튀기거나 굽거나 해서 변형시켜서 드시지 않고 날 것 그대로 드시게 해 드린다는 의미입니다. 즉, 과학 실험 연구가 진행되는 현장에서 얻은 지식을 바로 김이 펄펄 나는 뜨끈뜨끈한 상태로 생생하게 전해드린다는 뜻이지요. 이렇게 이 책의 현장감 넘치는 갓 뽑아낸 싱싱한 내용이 가능한 이유는 바로 제가 이 책의 그림과

글을 직접 그리고 쓰는 작가인 동시에 생명과학 연구실을 운영하는 연구책임자이기 때문입니다. 많은 교양 과학 만화가 있지만 글 작가와 그림 작가가 따로 있는 경우가 많아 아무래도 작가가 그림까지 직접 그린 경우보다 내용의 신선도가 많이 떨어질 수밖에 없겠지요.

분자세포생물학은 현대 생명과학 여러 분야 중 가장 많은 연구자들이 연구하는 분야입니다. 현미경으로 세포의 모양을 관찰하면서 진행하였던 고전적인 '세포학'과 20세기 후반 비약적인 발전을 이룩한 '분자생물학'의 여러 가지 방법론, 그리고 세포 안에서 일어나는 여러 현상을 화학의 언어로 풀어낸 '생화학'이 접목되어 탄생한 학문이지요. 최근에는 특히 신약 개발, 난치병 치료 방법 개발 등의 의약학과 직접 관련된 기초학문으로 많은 투자와 연구가 이루어지고 있는 분야가 바로 분자세포생물학입니다.

현대 생명과학의 가장 뜨거운 연구 분야인 분자세포생물학의 기본 개념을 이 책을 통하여 쉽게 익힌 후 앞으로 발매될 분자유전학, 면역학, 암생물학 등의 날로 먹는 생명과학 시리즈를 통해 현대 생명과학 여러 분야의 지식을 독자 여러분 모두가 날로 드시듯이 쉽고 생생하게 얻을 수 있기를 바랍니다.

많은 성원 부탁 드립니다.

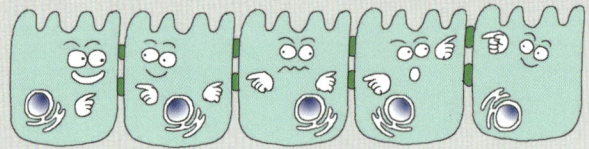

**Preface** · 002

**1장** · 세포의 발견 · 006

**2장** · 세포의 구조와 기능 · 030

**3장** · 세포막과 물질 수송 · 080

**4장** · 세포 골격과 세포 이동 · 110

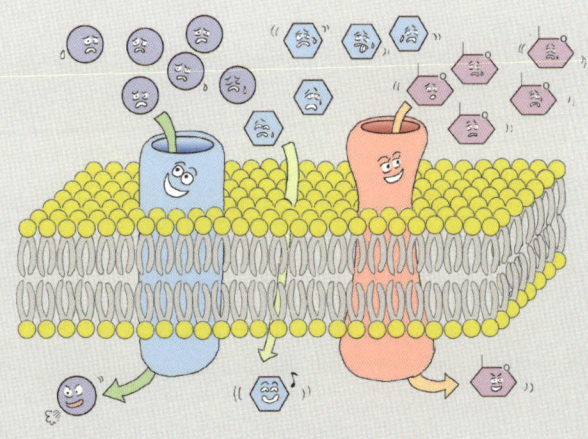

**5장 · 세포 연접과 세포 부착 · 134**

**6장 · 세포주기 · 170**

**7장 · 세포 신호전달 · 202**

**부록 생명공학 연표 · 228**

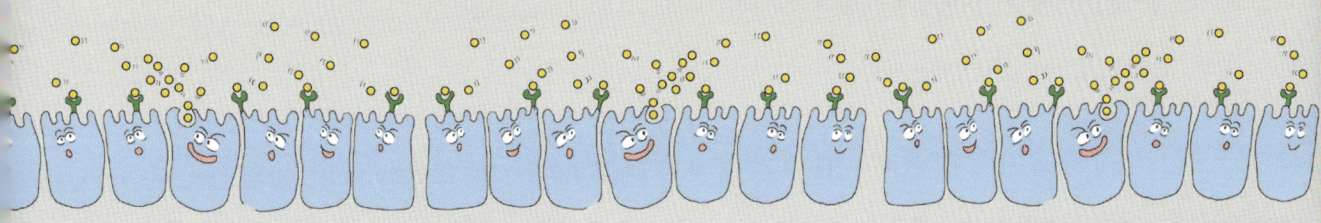

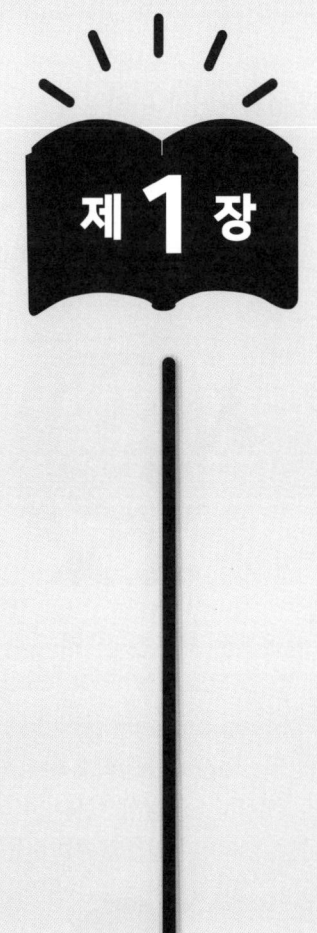

# 세포의 발견

현대를 사는 우리는 모든 생물이 세포로 이루어져 있다는 것을 잘 알고 있다.
이 '세포'는 과연 언제 발견된 것일까? 우리가 세포라고 부르는 것은
과연 무엇인지 '세포 이론'을 통해 배워보자.

세포생물학, 그리고 분자세포생물학이란 무엇일까?

- 뭐긴 뭐야. 우리 세포에 대해서 공부하는 생물학의 한 분야 아냐?
- 세포생물학은 현미경으로 보이는 수준에서 연구하는 것이고, 분자세포생물학은 분자 수준에서 연구하는 것 아닐까?
- 글쎄다.

그렇다면 세포란 무엇일까? 여러분은 세포를 본 적이 있나요?

- 저요, 저요, 저요! 양파 표피세포 현미경으로 수업시간에 봤어요!
- 나 초등학교 때도 양파 표피 세포 관찰했었는데, 아직도 똑같은 실험을 하는구나.
- 걍 양파는 많이 해보았으니 자색 양파 어때? 락교(염교)도 있다. 과학은 me too, me three 반복 실험이 중요하거든. ㅋㅋ
- 나 알지? 회 먹을 때 먹는 락교는 일본어고 염교, 돼지파라고 하지. 나도 쪽파 비슷한 파의 한 종류야.

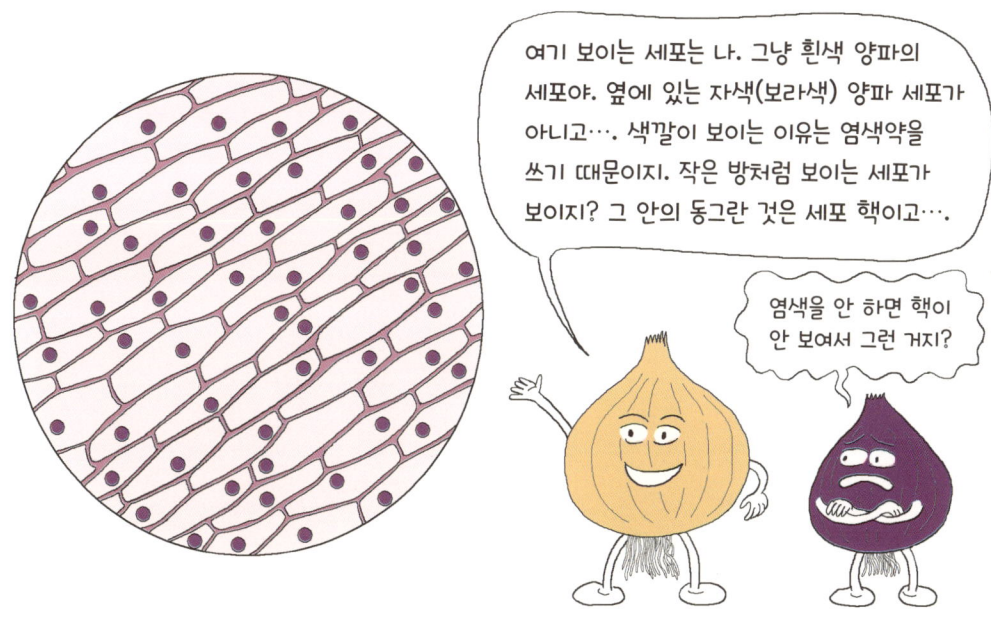

우리는 이제 쉽게 세포를 볼 수 있지만 과거에는 어땠을까?

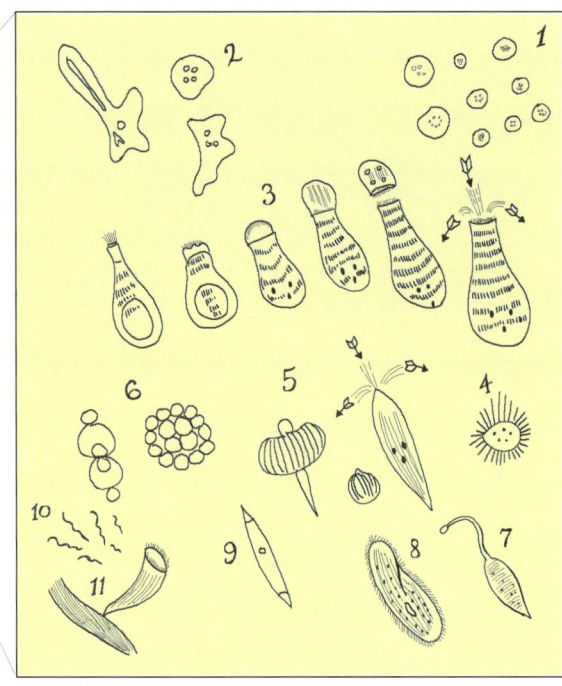

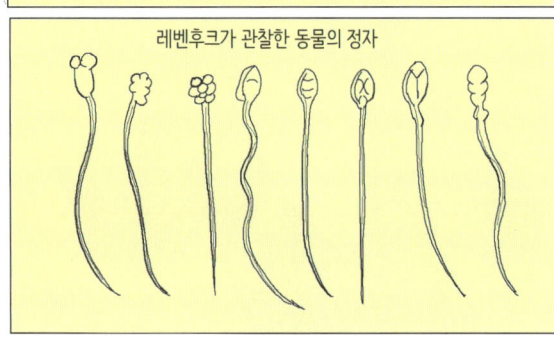

영국 왕립 학회의 일원이었던 로버트 후크는 레벤후크에게 현미경을 구경시켜달라고 연락하였으나….

# 01

나 레벤후크

로버트 후크 님. 님처럼 고명하신 학자께서 일개 포목업자인 제가 취미로 만든 물건에 관심을 가져주신 것은 대단히 감사합니다만, 저는 그냥 혼자서 연구하고 싶어요.
(님이 혹시 내 현미경 보고 따라할지 모르니 안 가르쳐 줄래요.)

아, 이런. 현미경 하나 가지고 엄청 튕기네…. 너무 한다. 혼자서 좋은 실험 결과 다 독차지 하겠다는 건가 본데. 오케이.

당연한 거 아냐? 과학은 예나 지금이나 경쟁인데.

그래. 석박사 당신 혼자 좋은 논문 많이 내~

사실 로버트 후크에게는 이미 현미경이 있었다. 우리가 교과서에서 많이 본 그 '로버트 후크의 현미경'으로, 사실 레벤후크의 '쥐덫' 현미경보다는 훨씬 더 현재의 현미경과 유사한 형태로 두 개 이상의 렌즈를 가진 복합 현미경이었다.

나님은 복합 현미경. 렌즈를 두 개 이상 가지고 있다고, 에헴~!

이미지 출처: 『마이크로그라피아(Micrographia)』, Robert Hooke, 1665

하지만 '로버트 후크의 현미경'에는 치명적인 단점이 있었으니….

나 사실 배율이 30배 밖에 안 돼. 돋보기 수준이야;;;

이거 내가 만든 거 아니야. 크리스토퍼 콕이라는 친구가 만들었어. 그래도 이걸로 샘플들을 관찰해서 초 베스트셀러 마이크로그라피아 (Micrographia) 책 썼잖아. 1665년에.

나는 비록 생긴 것도 쥐덫 같고 렌즈도 하나밖에 없지만 배율이 250배가 넘어. 중요한 건 고배율의 렌즈를 만드는 기술이라고! 레벤후크님이 그 기술을 가지고 있었지!

로버트 후크는 고배율·고해상도의 현미경이 한 사람의 손에만 쥐어진 현실을 아쉬워하기도 했지만 레벤후크의 발견이 학계에 인정되는 데 큰 역할을 하는 대인배적인 행보를 보여주었다.

레벤후크 형, 사실 내가 형보다 세 살 어린 동생이야. 형이라고 불러도 되지?

그래. 나 네덜란드 촌놈이 영국 학회에 데뷔하는 거 도와줘서 고맙다 동생~

레벤후크는 자신이 개발한 고해상도 현미경을 이용하여 많은 발견을 하였지만….

뽀대는 나지만 해상도는 낮았던 '로버트 후크의 현미경'으로 관찰해서 그린 후크의 코르크 단면 스케치가 사실 최초의 세포(cell)에 대한 보고로 알려져 있지.

『마이크로그라피아(Micrographia)』에 실린 후크가 직접 그린 코르크의 세포

로버트 후크가 말한대로 세포는 정말 작은 방 모양이어서
작은 방을 뜻하는 'cell(셀)'이라 명명되었다.

ㅋㅋㅋ 나의 이름도 셀.
나는 손오○, 피○로, 베지○,
프○저의 세포들을 융합해서
만들어졌지. 그래서 이름이
셀이야!

우리 세포들을 융합해서
너를 만들었다는군.
아직 세포 융합까지 진도
안 나갔는데.

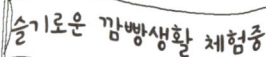

재소자들이 수감되어 있는
작은 방도 셀이라 하지
cell….

우리가 쓰는 휴대폰도 영어로
'셀룰러 폰(cellular phone)'
이라 하지. 기지국들이 커버하는
영역이 저렇게 방(cell) 모양으로
나누어져 있기 때문이야.

cellular: cell의 형용사형

그렇다면 세포의 발견은 학계에 어떤 의미를 던져 준 것일까?

사실 당시에는 코르크나 연못 속의 미생물에서 볼 수 있었던 세포가
고등 식물이나 고등 동물의 몸을 이루는 기본 단위라고 생각하지는 못했다.

고등 동식물도 세포로 이루어져 있다는 사실은 뒤늦게
<u>슈반</u>과 <u>슐라이덴</u>에 의해 밝혀지게 되었다.

**테오도어 슈반**
Theodor Schwann
(1810~1882)

**마티아스 슐라이덴**
Matthias Schleiden
(1804~1881)

이들은 종종 연락하면서 자기들의 연구결과에 대해 토론하고는 했는데….

뭔가 영감을 받은 슈반은 슐라이덴을 자기의 실험실로 초청하여 자신이 제작한 동물의 샘플로 만든 슬라이드를 보여주었다.

슈반은 슐라이덴이 발견한 식물 '세포'와 자신이 관찰한 동물 '세포'와의 유사점으로부터 아이디어를 얻어 '세포 이론(Cell theory)'을 1839년에 발표한다.

그러면 <mark>세포 이론</mark>에 대해서 자세히 알아볼까?

슈반이 발표한 '세포 이론'의 결론은 세 가지 명제로 요약할 수 있어.
1) 세포는 모든 생명체의 구조적, 생리적 단위이다.
2) 세포는 혼자서 존재하기도 하고 생물의 몸을 이루기 위한 구조 단위로도 쓰인다.
3) 세포는 결정처럼 자연발생적으로 생겨난다(????!!!???).

슈반의 세포 이론 중 첫 번째 명제.
'<mark>세포는 모든 생명체의 구조적, 생리적 단위이다.</mark>'

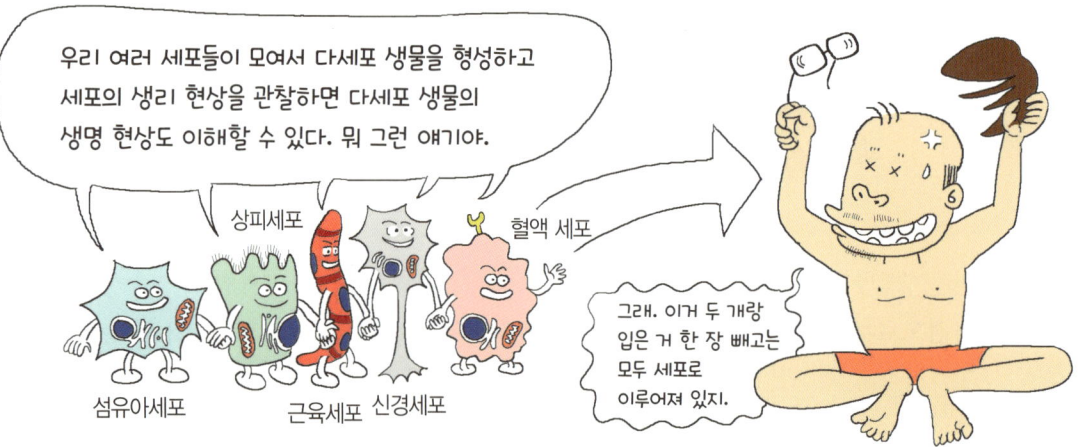

우리 여러 세포들이 모여서 다세포 생물을 형성하고 세포의 생리 현상을 관찰하면 다세포 생물의 생명 현상도 이해할 수 있다. 뭐 그런 얘기야.

상피세포 / 혈액 세포
섬유아세포 / 근육세포 / 신경세포

그래. 이거 두 개랑 입은 거 한 장 빼고는 모두 세포로 이루어져 있지.

슈반의 세포 이론 중 두 번째 명제.
'<mark>세포는 혼자서 존재하기도 하고 생물의 몸을 이루기 위한 구조 단위로도 쓰인다.</mark>'

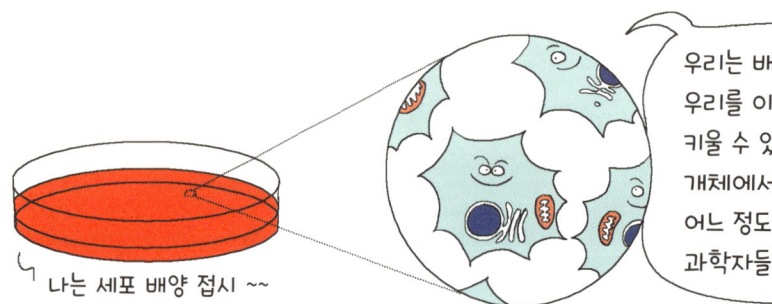

나는 세포 배양 접시 ~~

우리는 배양 접시 속의 세포. 우리를 이렇게 따로 실험실에서 키울 수 있기 되기 이전에도 개체에서 분리된 세포가 어느 정도 생존 가능하다는 것을 과학자들은 알고 있었다.

슈반의 세포 이론 중 세 번째 명제.
<u>세포는 결정처럼 자연발생적으로 생겨난다?</u>

실제로 17세기에는 자연 발생설을 지지하는 실험 결과도 발표되었다.

<u>자연 발생설</u>은 여러 학자들에 의해 부정되었으나 레벤후크가 미생물을 발견함으로 인해 학자들은 다시 헷갈리기 시작했다.

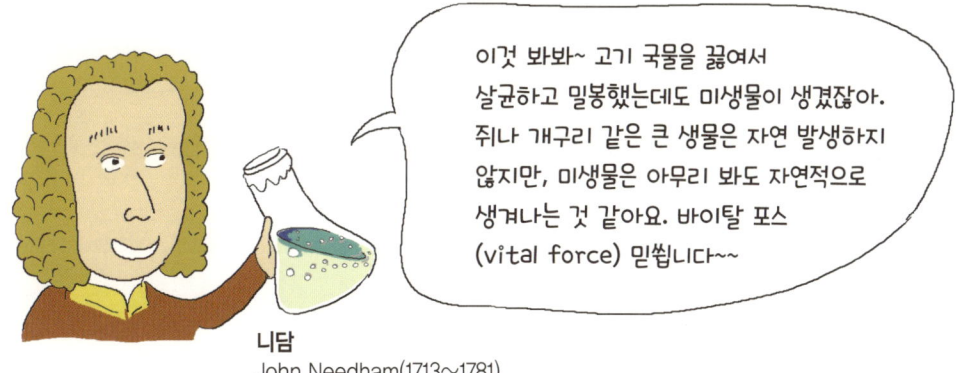

니담
John Needham(1713~1781)

하지만 너무나 유명한 파스퇴르의 '백조목 플라스크' 실험을 통해
우리는 미생물도 자연 발생하지 못한다는 것을 알고 있다.

뜬금없이 세포는 '결정'처럼 자연 발생한다고 슈반이 결론 내렸던 이유는….

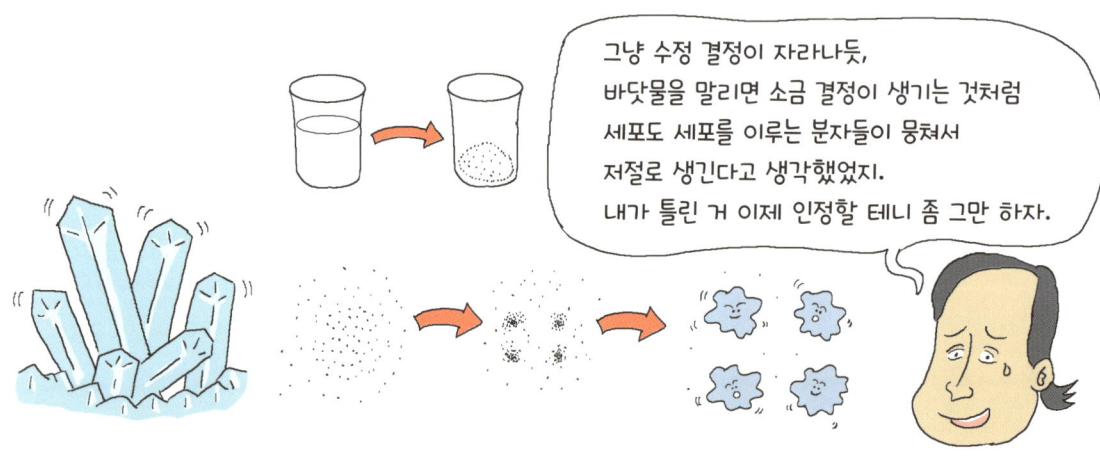

슈반의 세포 이론 중 세 번째 명제는 <mark>루돌프 피르호</mark>에 의해 다음과 같이 바뀌게 된다.
: <mark>모든 세포는 기존의 세포로부터 만들어진다.</mark>

아니, 이 사람들아. 한국 속담도 몰라?
콩 심은 데 콩 나고 팥 심은 데 팥 난다.
아, 그건 좀 부적절하다고? ;;;;;
그건 유전법칙 설명할 때 쓰는 건가?

아무튼 모든 세포는 세포에서 만들어진다.
생명체는 절대로 저절로 생겨나지 않아.
있어보이게 라틴어로 얘기해 볼까?
"omnis cellula e cellula."
(All cells only arise from pre-existing cells.)
(모든 세포는 기존의 세포로부터 만들어진다.)

**피르호**
Rudolf Virchow(1821~1902)

1855년에 내가 연구 결과로 발표해서
유명해진 명제지. 멋지지?

피르호는 '병리학의 창시자'로 알려진
독일의 의사였어. 세포 이론뿐 아니라
의학에서도 많은 업적을 남겼지.

암 관련 연구 분야에서도
활발히 활동했네요.
'백혈병'이라는 이름도
피르호가 만들었네요.

그런데 피르호는 아주 유명한
반 진화론자였군요.
찰스 다윈을 '무식한 사람',
자기 제자 헤켈을 '바보'라고 불렀고요.
네안데르탈인 화석을 "그냥 질병을 앓은
사람의 골격이었다."라고 주장하기도 했고요.

헐

그렇다면 현대 세포생물학에서 이야기하는 세포 이론의 명제는 어떤 것들일까?

이제 드디어 21세기 현대의 세포생물학자들이 출연하는 건가?

현대의 세포생물학자는 그렇게 직접 실험 안 해. 실험은 연구원 시키고 이렇게 모바일 네트워크로 업무지시하지.

이 나이에 실험하리?

**현대의 세포 이론 첫 번째 명제**
**모든 생명체는 세포로 이루어져 있다.**

이 첫 번째 명제는 슈반의 세포 이론의 첫 번째 명제와 거의 같은 의미라고 할 수 있다.

뻔한 이야기지 뭐. 살아있는 모든 것들은 세포로 이루어져 있다.

저 위에 있는 애들은 다세포 생물을 이루는 세포들이고 우리 같은 단세포 생물은 세포 하나로만 이루어져 있지. 즉, 세포 하나가 독립적인 생물이란다.

그래서?

사실 이 첫 번째 명제는 지금 우리의 상식으로 생각하면 너무나 당연한 것이지만….

동물 세포는 식물 세포와 달리 세포벽이 없어서 현미경으로 관찰이 힘들어 동물도 세포로 이루어져 있다는 사실은 슈반의 연구 이전에는 잘 받아들여지지 않았다.

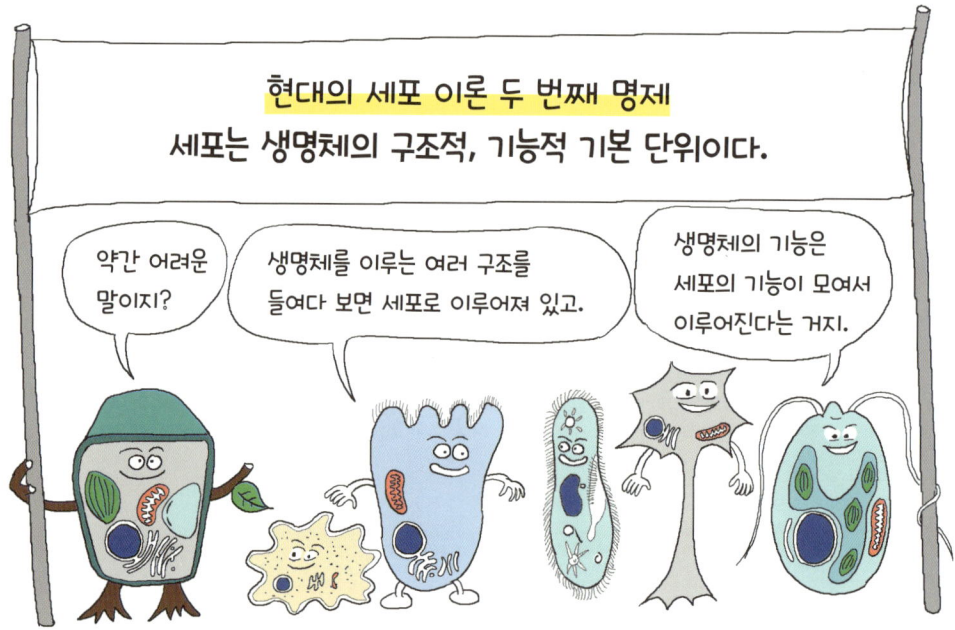

이 두 번째 명제는 약간 이해하기 어려울 수도 있는데, 쉬운 예를 들어서 생각해보자.

두 번째 명제가 의미하는 대로 개체 수준에서 일어나는 많은 생물학적 기능들이 세포 수준에서도 관찰된다.

두 번째 명제에서 나타난 것처럼 개별 세포의 기능을 연구하면 전체 개체의 기능 또한 알 수 있다는 것이다.

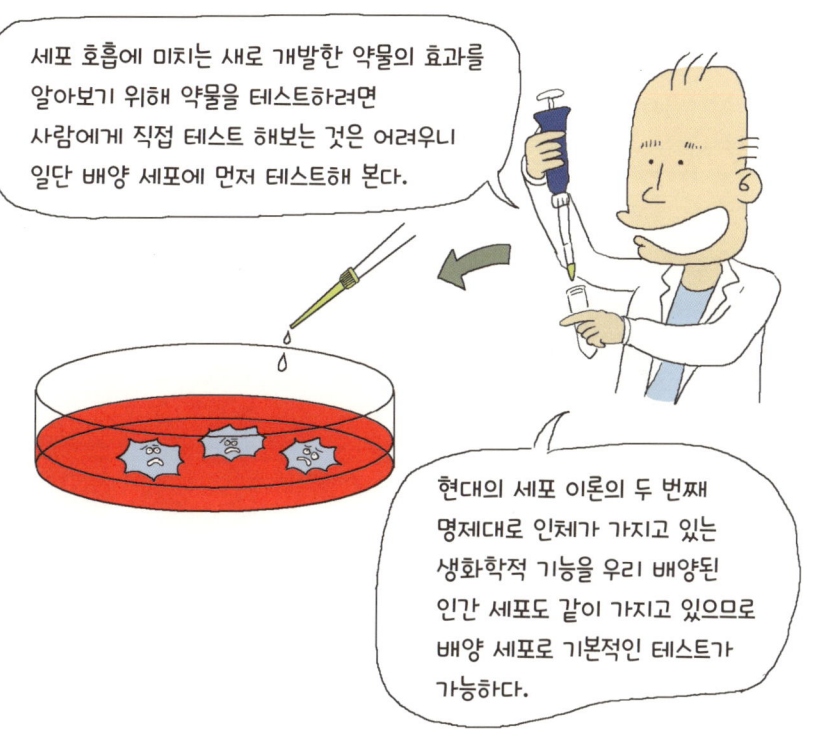

세 번째 명제에 단 하나의 예외가 있다. 그것은 무엇일까?

현대 세포생물학의 발전과 더불어 기존의 세 가지 명제에 이어 새로운 세포 이론의 명제가 몇 개 더 추가되었다.

* C(탄소), H(수소), O(산소), N(질소), S(황), P(인)

자, 그러면 세포란 정말 무엇일까?

세포의 정의는 생명체의 구조적 기능적 단위가 맞다. 하지만 좀더 설명을 하자면….

지금까지 세포의 발견에 대한 역사와 세포 이론에 대해서 알아보았다.
다음 장에서는 세포의 구조와 기능에 대해서 공부해 보자.

# 제 2 장

# 세포의 구조와 기능

세포는 왜 작아야만 할까? 커다란 세포는 왜 존재할 수 없는 것일까?
세포 안의 소기관인 세포핵, 소포체, 골지체 등의 기능을 알아보고
'내부공생설'에 의해 미토콘드리아와 엽록체가 고등생물의 세포 안에
전세살이를 하게 된 과정에 대해 알아보자.

 세포의 구조와 기능을 공부하기 전에 주변에서 관찰할 수 있는 세포를 찾아보자.

주변에서 흔히 볼 수 있는 개구리알도 하나의 세포이고
냉장고에 있는 계란도 계란 하나가 세포 하나라고 볼 수도 있다.

여러 조류(藻類)(조류(鳥類) 말고 물 속에 사는 원생 생물, 미역 김, 녹조류 같은 녀석들)
중에서도 엄청나게 큰 단세포 생물이 존재한다.

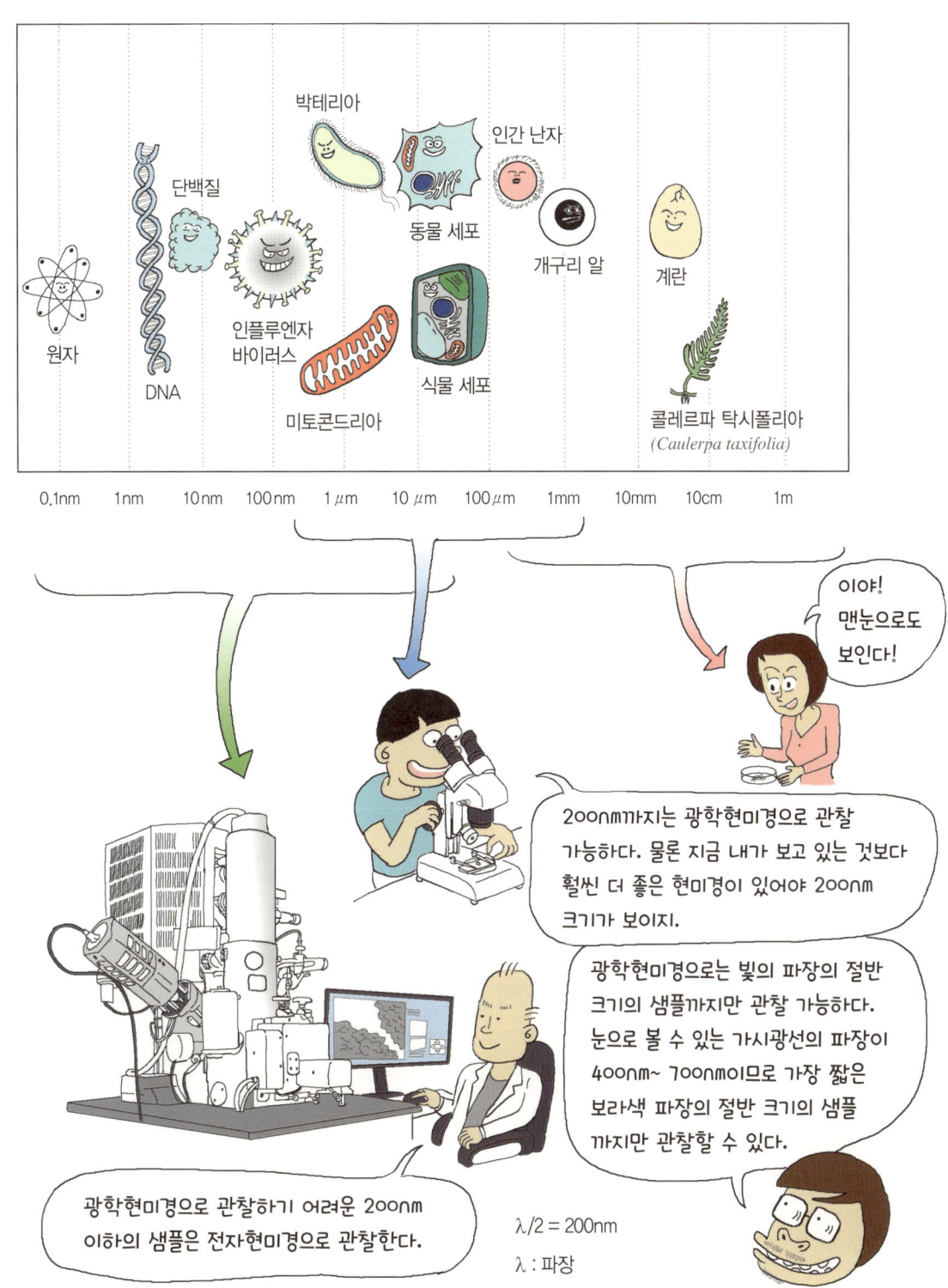

그렇다면 세포가 이렇게 작아야만 하는 이유는 무엇일까?

**세포가 작은 이유는 세포의 정상적인 기능을 유지하기 위함이다.**

세포가 너무 커지면 기능을 못하는 이유는
세포의 체적과 세포막의 면적과 밀접한 관계가 있다.

세포를 정육면체라 가정하고 각 변의 길이가 1단위인 세포와
2단위인 세포를 비교해보자.

한 변의 길이가 2배 늘어날때 체적은 8배 늘어나는데 표면적은 어떨까?

세포의 한 변의 길이가
2배로 늘어나면 체적은
$2^3$ = 8배로 늘어나고
부피는 $2^2$ = 4배로 늘어난다.
세포를 구형이라고
생각해도 마찬가지다.
구형 세포의 체적은
반지름의 세제곱에 비례하고
표면적은 반지름의
제곱에 비례한다.

너 체적만 큰 줄
알았더니 표면적도
크구나. 도대체
내 표면적의
몇 배나 큰 거니?

난 귀찮으니까 네가
세어봐. 안 세어봐도
알 수 있지 않아?
너보다 네 배 크겠지.

그래서 뭐가
어쨌다는 거예요?

세포 안 내용물의 양은 세포 체적에 비례하고
세포막의 면적은 세포 표면적에 비례한다.

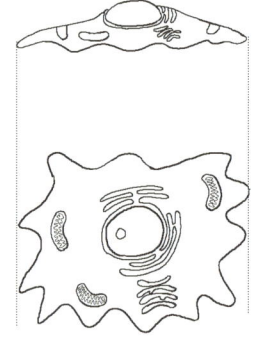
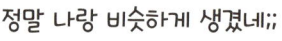

삼차원 구조를 가지고 있는 세포 내부에서 물질 대사 등을 수행하기 위해
끊임없이 세포 외부에서 영양 물질을 받아들이고 세포 외부로 노폐물을 배출해야 하는데
이러한 영양 물질과 노폐물은 세포를 둘러싼 세포막을 통하여 이동한다.

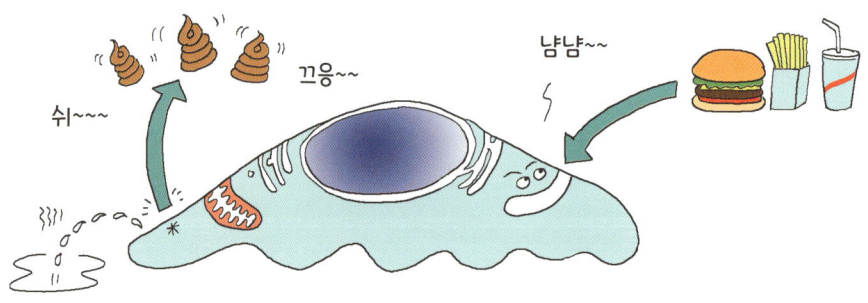

세포의 크기가 커지면 세포의 체적은 세제곱으로 늘어나고 세포막의 면적은 제곱으로 늘어나기 때문에 세포의 크기가 커지게 되면 내부의 부피가 늘어나는 것을 세포막이 따라잡지 못한다.

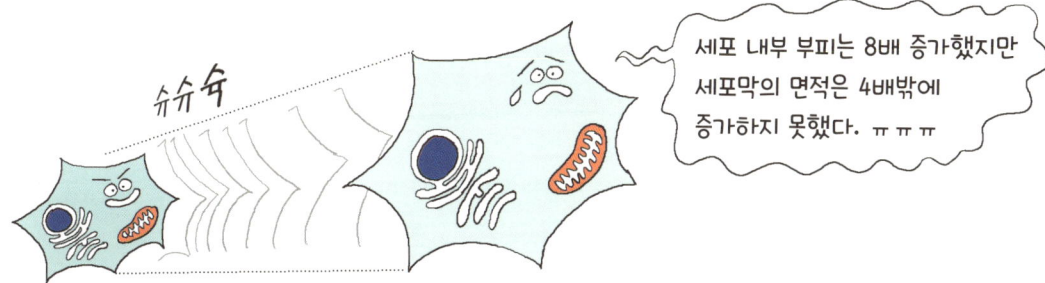

그러므로 세포의 크기가 커지면 세포막이 세포 내부 또는 외부로의 세포 내부가 늘어난 만큼 커진 물질 수송 양을 감당할 수 없게 된다.

그렇기 때문에 대부분의 세포는 눈에 보이지 않을 정도로 작다.

이제 세포의 구조를 차근차근 살펴보자.

아니, 우선 세포의 두 가지 종류에 대해서 알아보는 게 먼저일 듯하다.

그렇다. 세포는 내부 구조가 복잡한 '진핵세포'와 비교적 간단한 '원핵세포'로 나뉜다.

'진핵세포'는 이름 그대로 진짜 핵이 있는 세포이고 '원핵세포'는 핵은 없고 원시적인 핵 비슷한 것만 있는 세포이다.

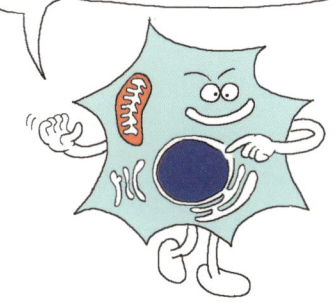

박테리아와 같은 세포 한 개로 혼자 살아가는 단세포 생물인 미생물이 '원핵세포' 생물이고 '진핵세포'는 동물이나 식물과 같은 아주 많은 개수의 세포로 이루어진 다세포 생물의 몸을 만든다.
물론 여기에도 예외는 있다.

'진핵세포'이면서도 단세포 생물인 것들이 있다. 아메바, 짚신벌레, 유글레나와 같은 원생생물(protists)들이 여기에 속한다. 그리고 균류(菌類)에 속하는 효모(이스트)도 진핵세포 한 개로 이루어진 단세포 생물이다.

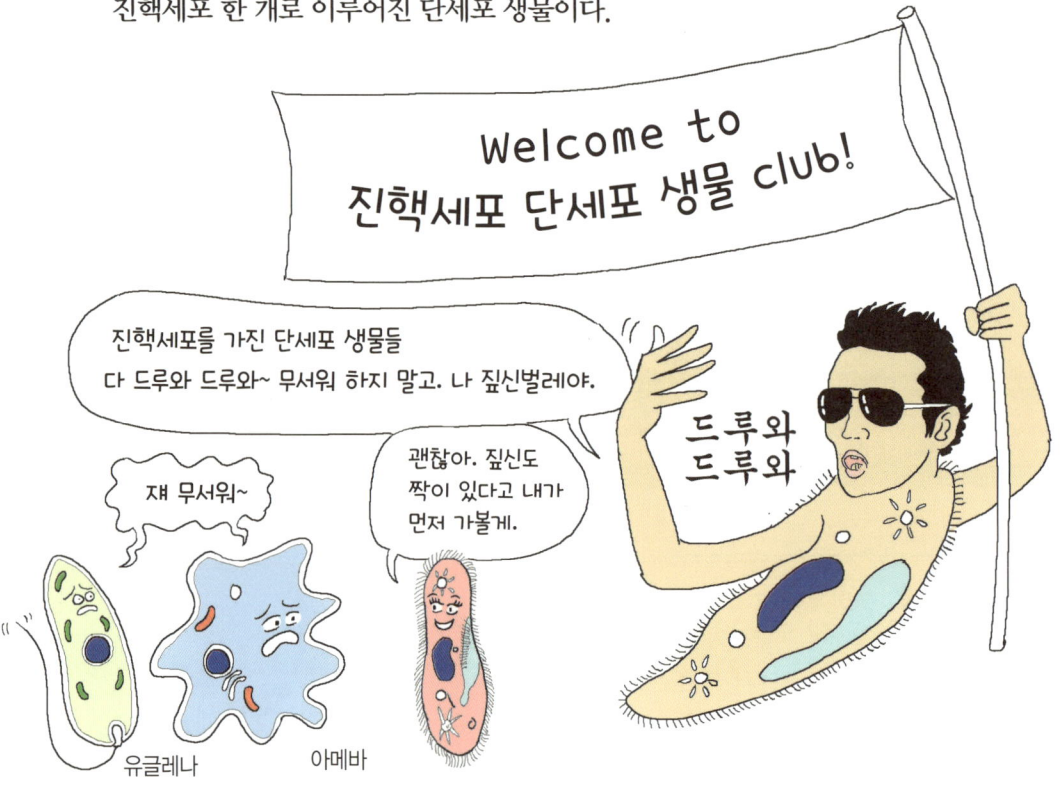

균류(菌類)는 세균류(細菌類)와 다르다. 균류는 곰팡이, 버섯, 효모와 같이 진핵세포로 이루어진 생물이고(그 중 효모는 단세포 생물이다), 세균, 즉 박테리아는 원핵세포 단세포 생물이다. 단세포 원핵생물이라고 해도 된다.

앞에서 진핵세포와 원핵세포의 가장 큰 차이는 '핵'의 유무라고 했었지?
'핵'이 뭔가 중요한 것 같으니 세포의 구조 중
우선 진핵세포의 세포'핵'부터 공부해보자.

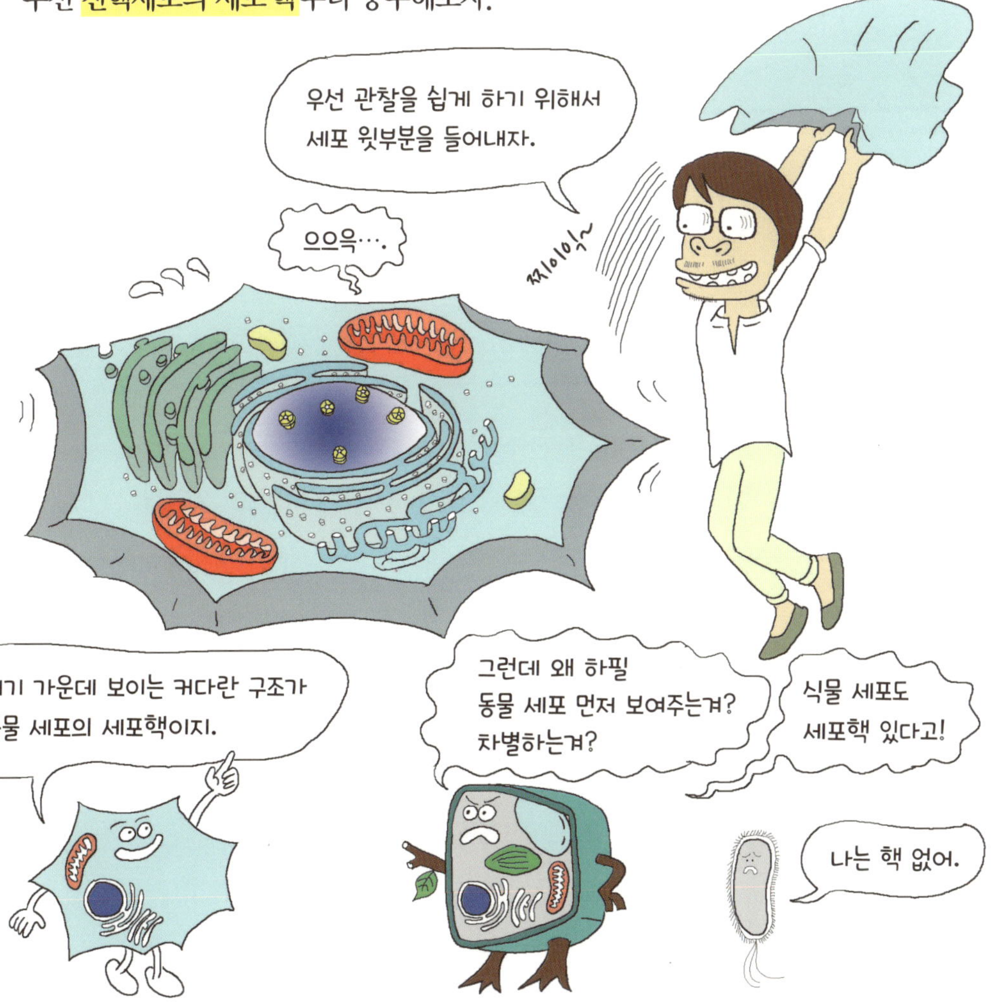

세포핵은 세포 내 여러 구조물('세포 소기관'이라고 부른다) 중에서
일반적으로 가장 크다.

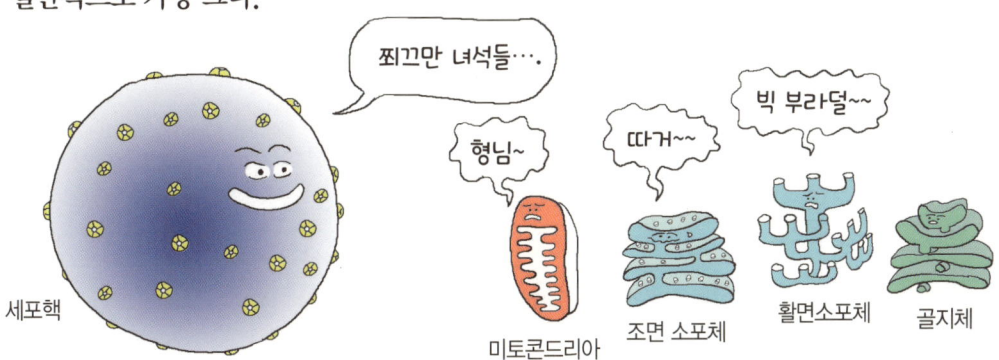

그러면 이렇게 커다란 세포핵 안에는 무엇이 들어 있을까?

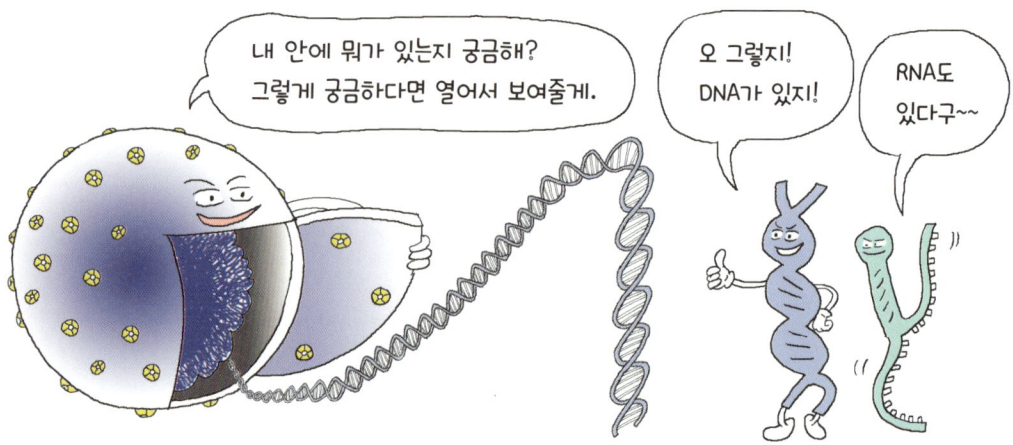

DNA와 RNA를 통틀어 '핵산(nucleic acid)'이라고 한다. 핵 안에 있는 산(酸)이라는 뜻이다. 이들의 주된 기능은 유전 정보를 저장하는 것이다.

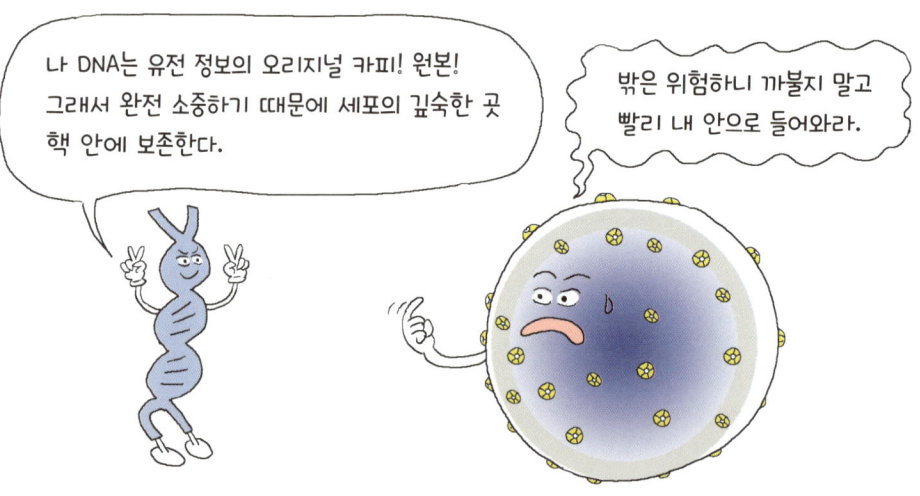

인간 세포의 세포핵 지름은 커봐야 10㎛(마이크로미터), 즉 1 mm의 100분의 1. 여기에 합치면 약 2미터 길이의 DNA가 꾸겨져서 들어가 있다.

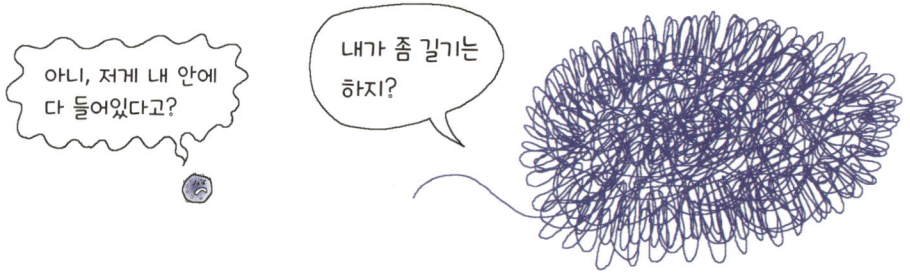

그러면 여기서 잠깐만 옆으로 새서 인간의 몸을 이루고 있는 모든 세포의 DNA 길이를 모두 합치면 얼마나 될지 계산해 보자.

일단 세포 하나당 DNA길이 2m가 어떻게 나왔냐 하면 말이지….
 a: DNA 염기 한 개 분의 길이: $0.34 \times 10^{-9}$ m
 b: 인간 세포 하나의 전체 DNA 염기쌍 개수: $3 \times 10^9 \times 2$
a와 b를 곱하면 약 2m가 나와.
우리 몸의 세포 수가 $10^{13}$ 정도 되니까….
 c: 인간 몸의 전체 세포 수: $10^{13}$
$a \times b \times c = 2.0 \times 10^{13}$ m !!!!!!
20조(兆) 미터!

a: $0.34 \times 10^{-9}$ m

c: $10^{13}$
인체의 전체 세포 수는 대충 어림잡은 것으로 학자들 간의 의견이 다를 수 있다.

인간 유전자 한 벌의 염기쌍은 $3 \times 10^9$개 세포 한 개는 유전자 세트를 두 벌 가지고 있으니 2를 곱한다.

b: $3 \times 10^{-9} \times 2$

20조 미터라는 길이는 지구와 태양 사이를 68번 왕복할 만한 길이이다.

8번 왕복…. 헥헥…. 앞으로도 60번 더 왕복 가능해. 나 혼자가 아니고 세포핵 $10^{13}$개가 릴레이로 달리는 것이니 걱정 마.

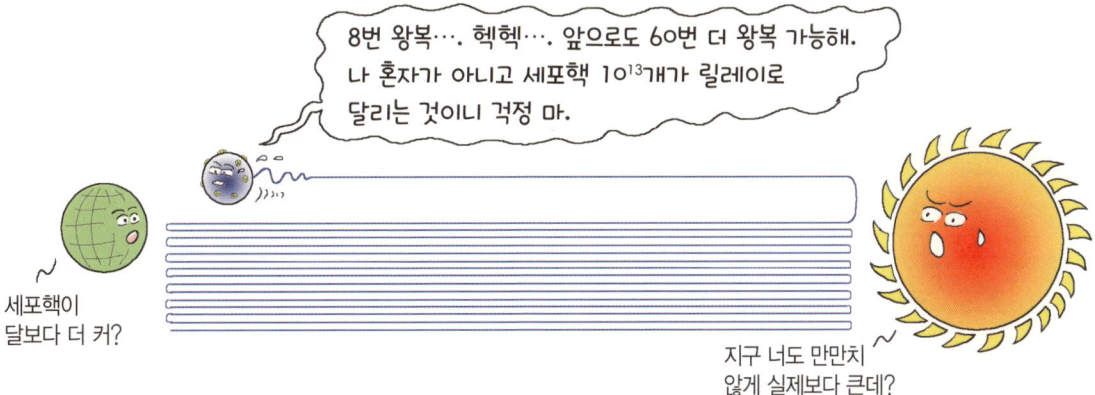

세포핵이 달보다 더 커?

지구 너도 만만치 않게 실제보다 큰데?

그렇다면 도대체 총합이 2미터나 되는 DNA가 어떻게 작은 세포핵 안에 들어갈 수 있을까?

캠핑할 때는 좋은데…. 철수할 때가 제일 싫어. 저 초대형 텐트를 어떻게 걷어서 언제 접어서 이 작은 주머니 안에 꾸겨 넣냐.

가소롭다. 내 작은 세포핵 안에 저렇게 긴 DNA를 다 접어서 넣어야 하는데….

CTCF

이렇게 너무나 긴 DNA가 어떻게 좁디 좁은 세포핵 안에 꾸겨져 들어갈 수 있는가는 과학자들도 너무나 궁금해하는 연구 주제였다.

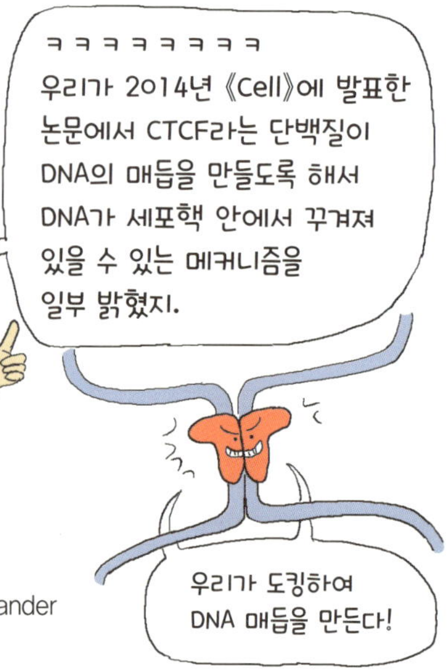

ㅋㅋㅋㅋㅋㅋㅋㅋ
우리가 2014년 《Cell》에 발표한 논문에서 CTCF라는 단백질이 DNA의 매듭을 만들도록 해서 DNA가 세포핵 안에서 꾸겨져 있을 수 있는 메커니즘을 일부 밝혔지.

아이덴
Erez L. Aiden
(1980~)

랜더
Eric S. Lander
(1957~)

우리가 도킹하여 DNA 매듭을 만든다!

참고문헌: 《Cell》 159(7) 1665~1180 (2014)

044  날로 먹는 분자세포생물학

아무튼 그렇게 기나긴 DNA와 많디 많은 DNA의 유전 정보를 가지고 있는 세포핵의 구조에 대해서 지금부터 간단하게 살펴 보자.

앞에서 DNA가 말했듯이 DNA의 유전 정보는 오리지널 카피, 원본이므로 고이고이 모셔두었다가 세포 분열 시에 후대 세포(딸세포)에게 나누어 주어야 하기 때문에 소중하게 핵 안에 보관한다.

DNA를 세포핵 안에 소중하게 보호하기 위하여 세포핵은 두 겹의 포장지, 즉 외막과 내막으로 이루어진 세포핵의 막, 핵막을 사용한다.

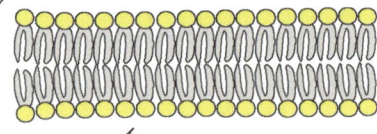

핵막은 외막 인지질 이중층, 내막 인지질 이중층, 합쳐서 네 겹의 인지질층으로 이루어져 있다.

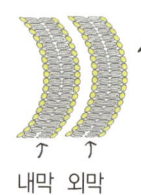

핵막의 외막과 내막은 서로 연결되어 있고 핵 안팎으로 물질 수송을 위해 핵막을 가로지르는 핵공복합체(nuclear pore complex)가 존재한다.

핵 안에서 열심히 일을 할 단백질은 세포핵 바깥에서 세포핵 안으로 이동하고
세포핵 안에서 만들어져 세포핵 바깥에서
일을 할 RNA는 세포핵 안에서 세포핵 바깥으로 이동한다.

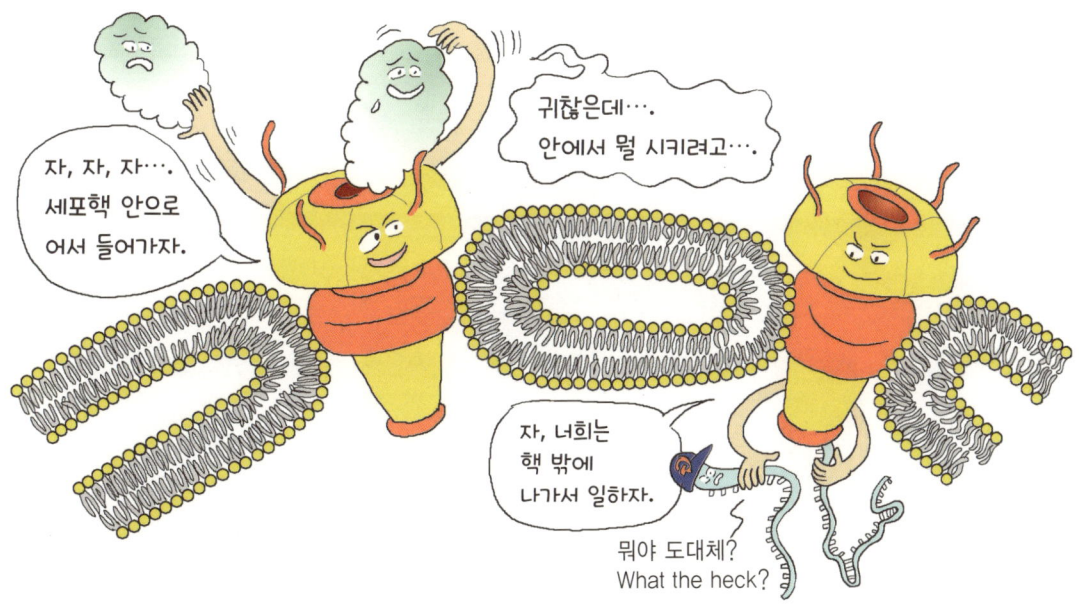

세포핵 안에서 단백질이 무슨 일을 하고 세포핵 밖에서 RNA가 어떤 일을 하는지 아시는 독자들은 다 아시겠지만 일단 여기서는 세포핵의 구조에 집중하자.

세포핵의 핵막은 앞에서 배웠듯이 두 겹의 인지질 이중층으로 되어 있다.
즉 기름 성분으로 되어 있는데 어떻게 기름 성분이 세포핵의 3차원 구조를 지탱할 수 있을까?

**핵 라미나**(nuclear lamina)는 세포핵 안쪽에 있는 구조로서 '라민'이라는 단백질이 서로 연결되어 핵 라미나를 만든다. 핵 라미나는 핵막을 떠받치는 역할을 한다.

이번에는 핵 안에 있는 DNA 덩어리, 염색질에 대해서 알아보자.

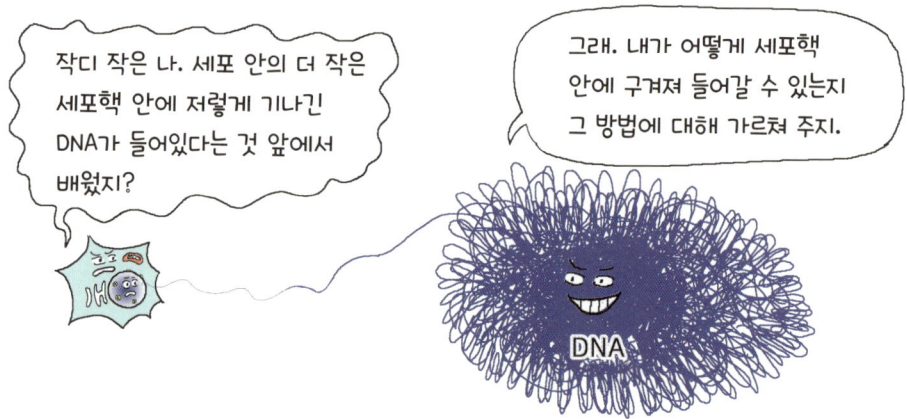

DNA 표면에는 음(-)전하가 존재해서 서로 밀어내기 때문에 DNA가 뭉치는 것을 방해한다.

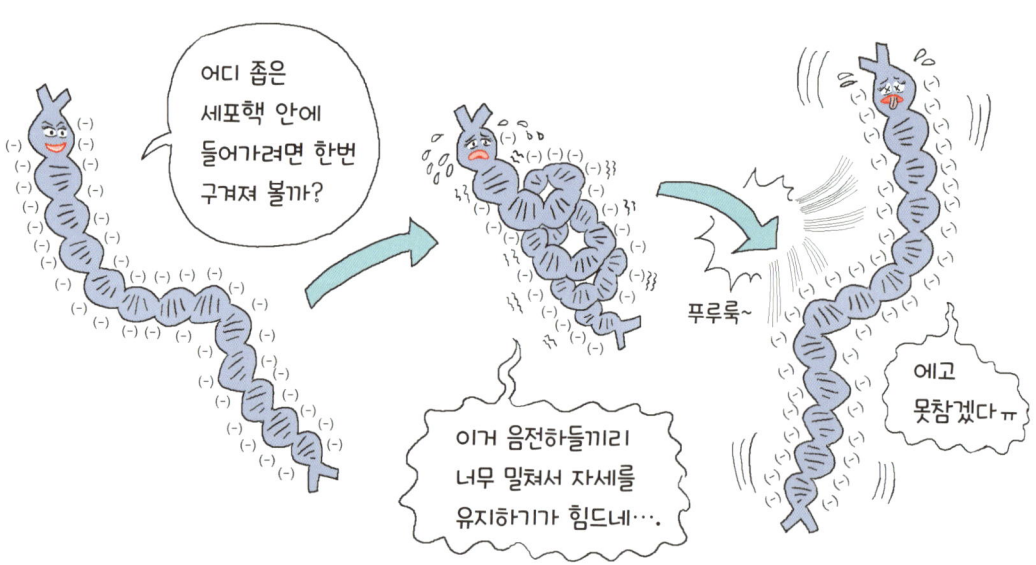

그래서 DNA의 음전하를 중화시키기 위한 단백질인 히스톤이 필요하다.

DNA 표면의 음전하는 히스톤 표면의 양전하와 서로 끌어당기기 때문에
DNA는 히스톤을 둘둘 감아서 차곡차곡 뭉칠 수 있다.

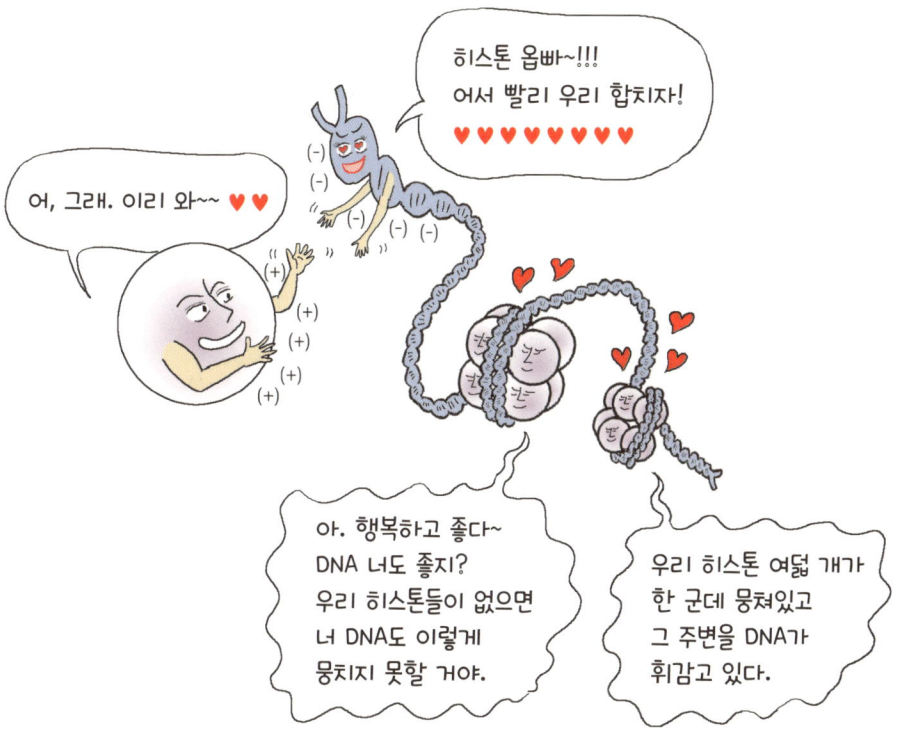

DNA-히스톤 복합체는 핵 안에서 뭉치고 뭉치고 또 뭉친다.
왜냐하면 그렇게 단단히 뭉쳐야 핵 안에 구겨져 들어갈 수 있기 때문이다.

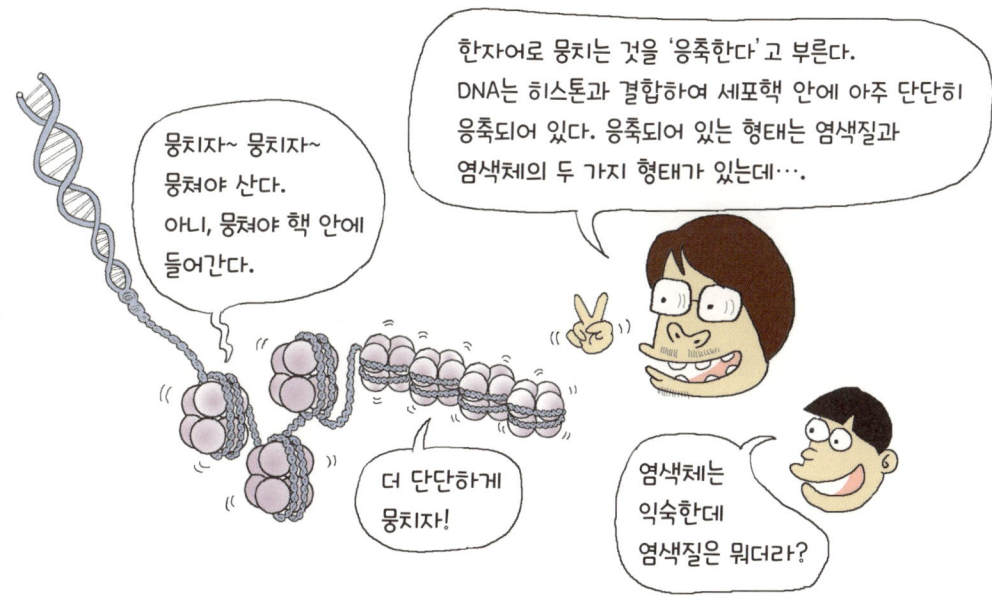

DNA가 세포핵 안에 응축되어 있는 형태를 '염색질(chromatin)'이라 부른다.
그렇다면 염색체(chromosome)는 세포 안 어디서, 언제 관찰 가능할까?

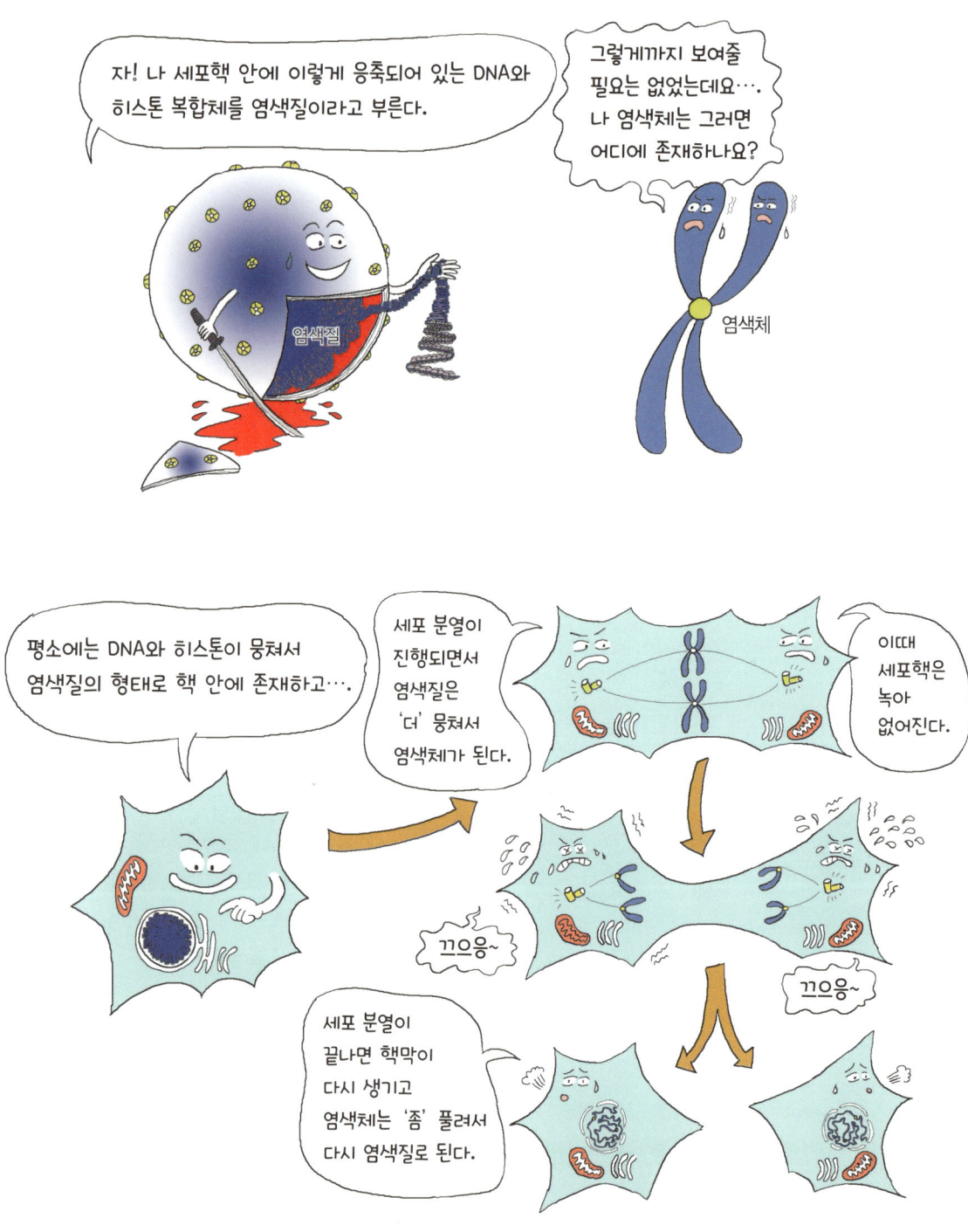

염색체와 염색질에 대해서는 나중에 분자유전학 편에서
다시 자세하게 공부해 보도록 하자.

세포핵 다음으로는 세포핵 옆에 주로 존재하는
<u>소포체</u>(endoplasmic reticulum)에 대해서 공부해 보자.

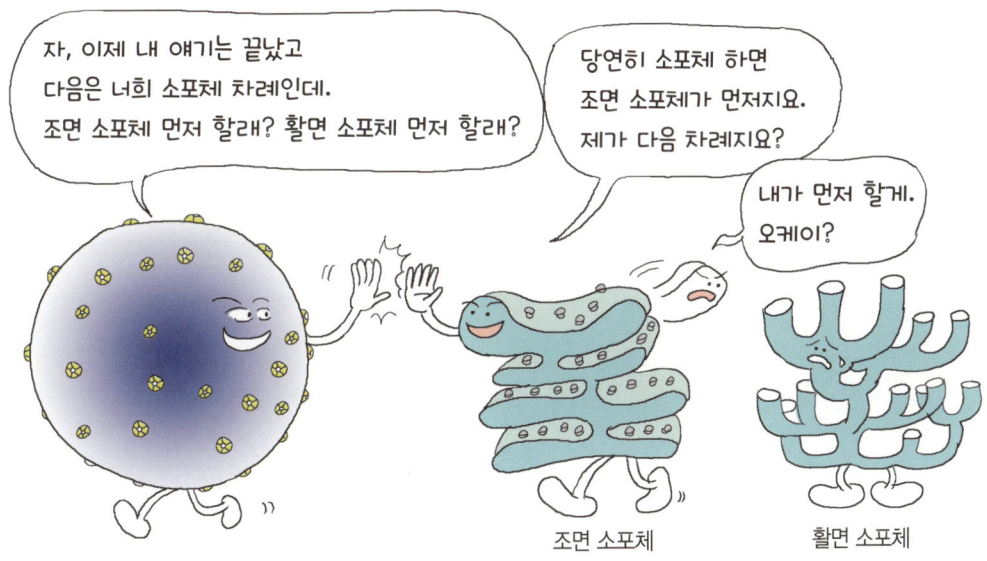

조면 소포체    활면 소포체

**조면 소포체**(粗面小胞體, rough endoplasmic reticulum)는 표면이 거칠거칠하다. 왜냐하면 단백질 공장인 **리보솜**이 붙어 있기 때문이다.

단백질 공장인 리보솜은 조면 소포체 표면에 붙어서 자신이 만든 단백질을 소포체 내부로 집어넣는다.

조면 소포체 내부로 들어간 단백질은 소포체 안의 여러 효소에 의해 추가로 가공된다. 이것은 완성본 단백질을 만들기 위한 과정이다.

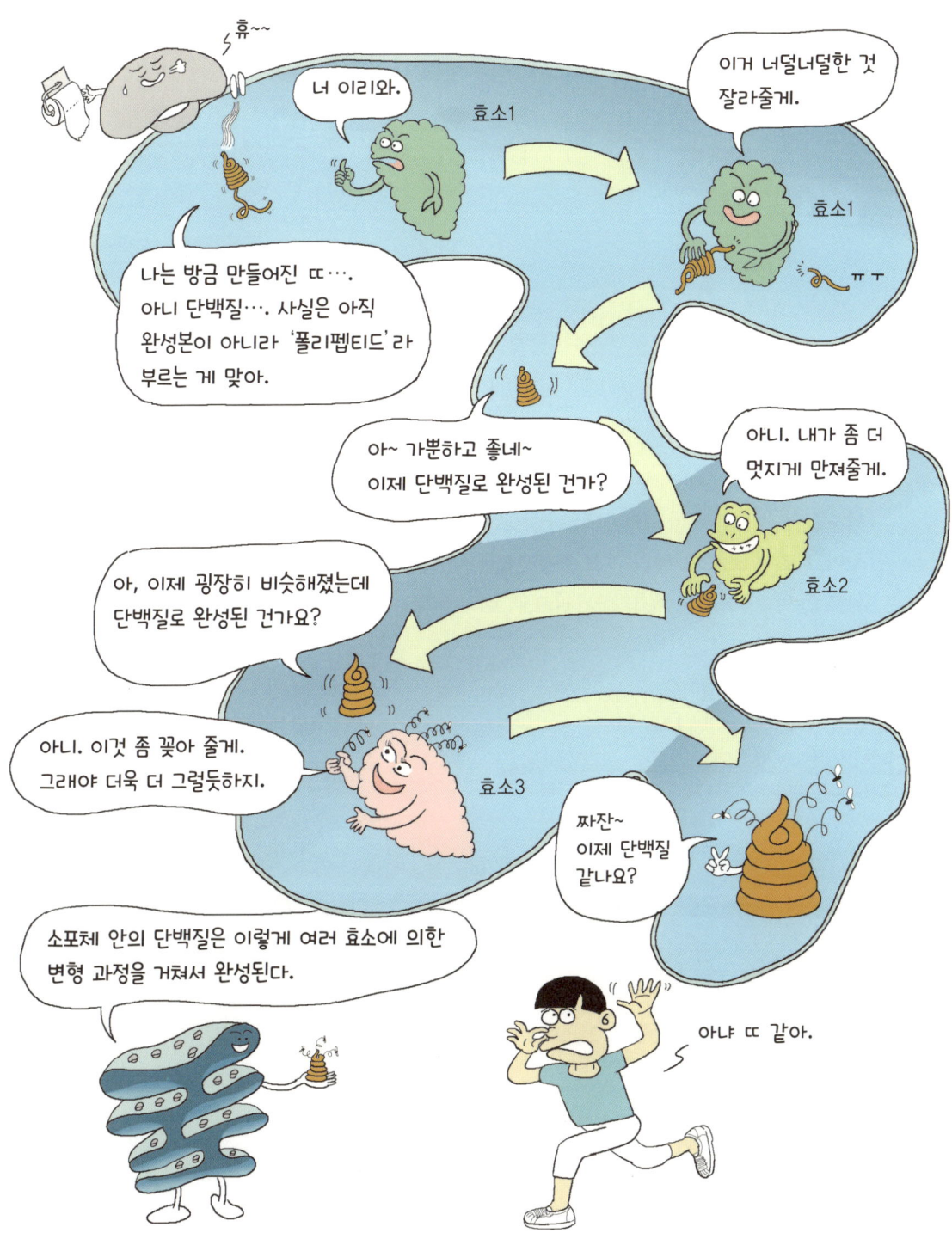

물론 단백질은 조면 소포체 표면에 붙어있는 리보솜뿐 아니라
세포질(세포 안의 공간)에 혼자 존재하는 리보솜에서도 만들어진다.

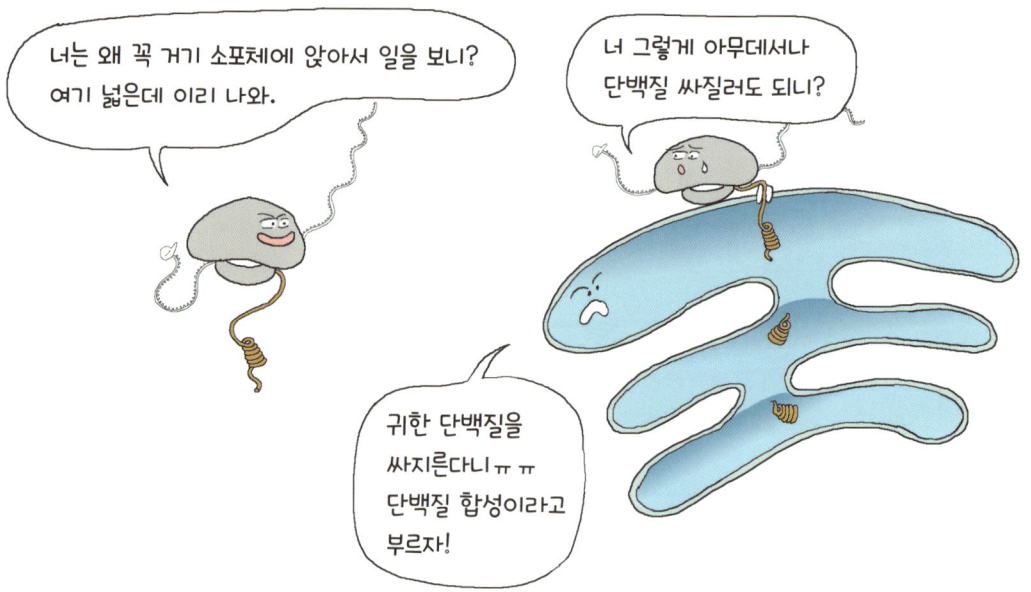

세포질의 리보솜에서 만들어진 단백질은 주로 세포질이나 세포핵, 미토콘드리아 등에서
쓰이고 조면 소포체 위의 리보솜에서 만들어진 단백질은 세포 외부로 분비되거나
세포 안의 기타 다른 여러 소기관으로 보내진다.

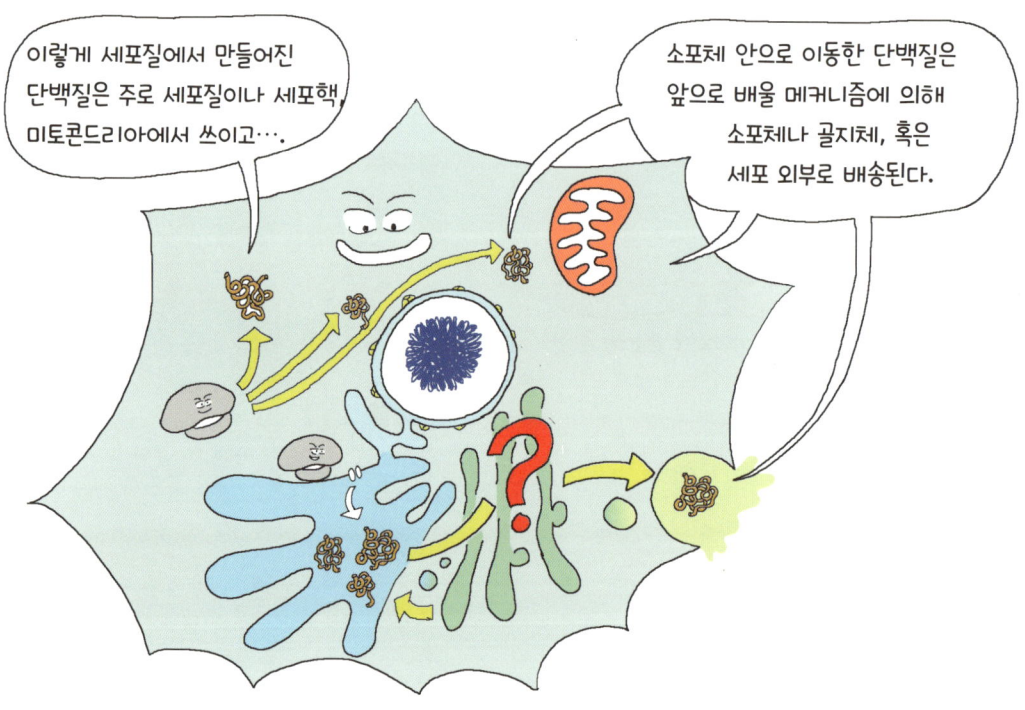

리보솜에서 일어나는 단백질 합성에 대해서는
나중에 다시 자세히 공부해 보기로 하자.

활면 소포체(滑面小胞體, smooth endoplasmic reticulum)는 표면에
리보솜이 없어서 매끌매끌하다. 조면 소포체는 찌그러진 공갈빵처럼 생겼다면
활면 소포체는 파이프처럼 생겼다.

활면 소포체에서는 주로 <mark>지질의 합성</mark>이 일어난다. 지용성 호르몬인
스테로이드 호르몬(성 호르몬 등)의 합성도 활면 소포체에서 일어난다.

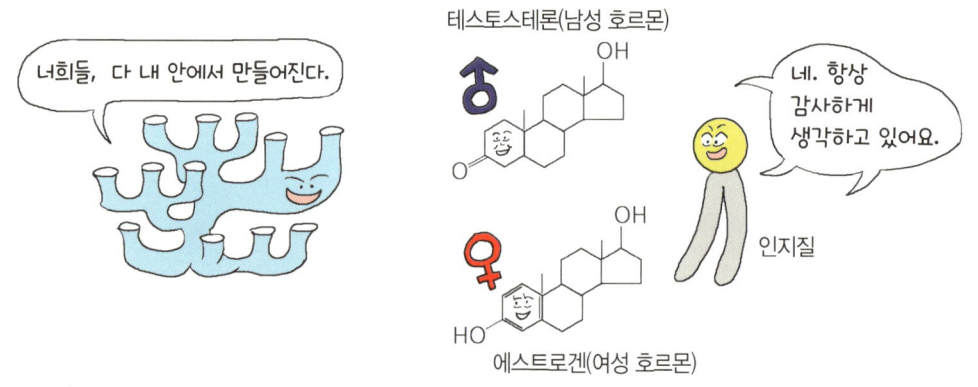

활면 소포체의 또다른 중요한 기능은 독성물질과 약물을 해독하는 작용이다.

활면 소포체의 내부에 있는 효소인 시토크롬 P450이 외부에서 들어온 독성 물질을 물에 잘 녹는 형태로 변형시켜 소변으로 배출시킨다.

이러한 이유 때문에 독성 물질의 해독을 담당하는 기관이나 스테로이드 호르몬을 만드는 기관의 세포는 활면 소포체를 많이 가지고 있다.

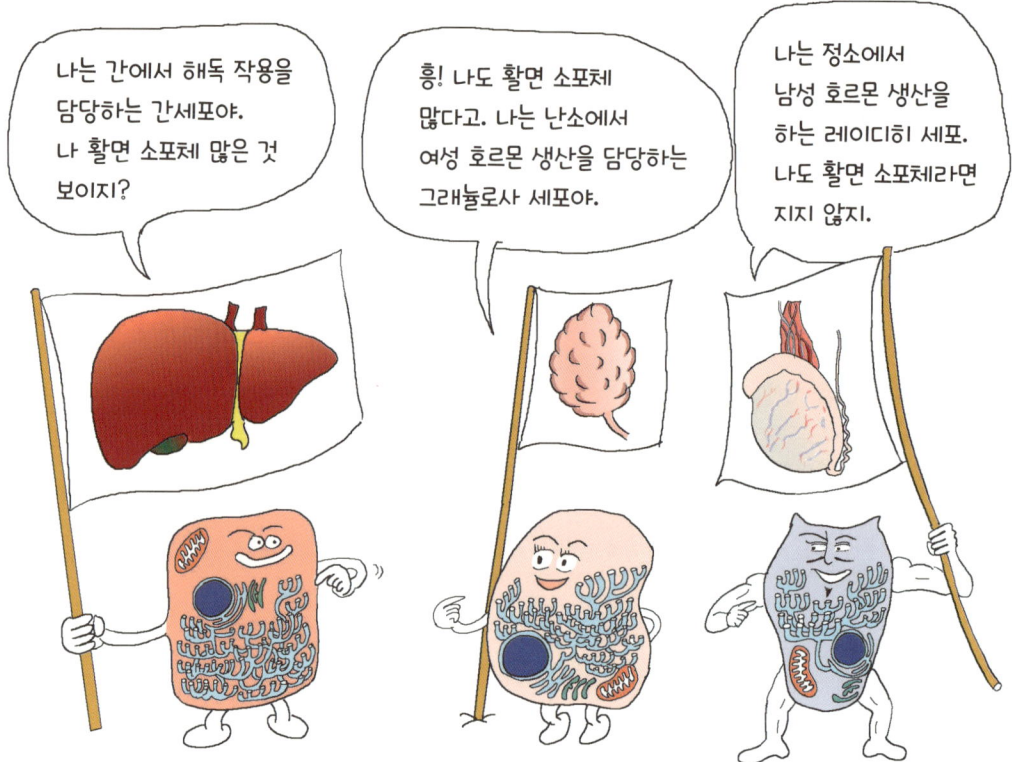

앞에서 이야기하였듯이 활면 소포체와 조면 소포체는 서로 연결되어 있다.
소포체는 안이 비어 있는 파이프(활면 소포체), 속 빈 공갈빵(조면 소포체) 형태이다.
이 비어있는 부분을 '내강'이라 부르고 안에 여러 효소들이 들어 있다.
두 소포체는 모두 인지질 이중층으로 이루어져 있다.

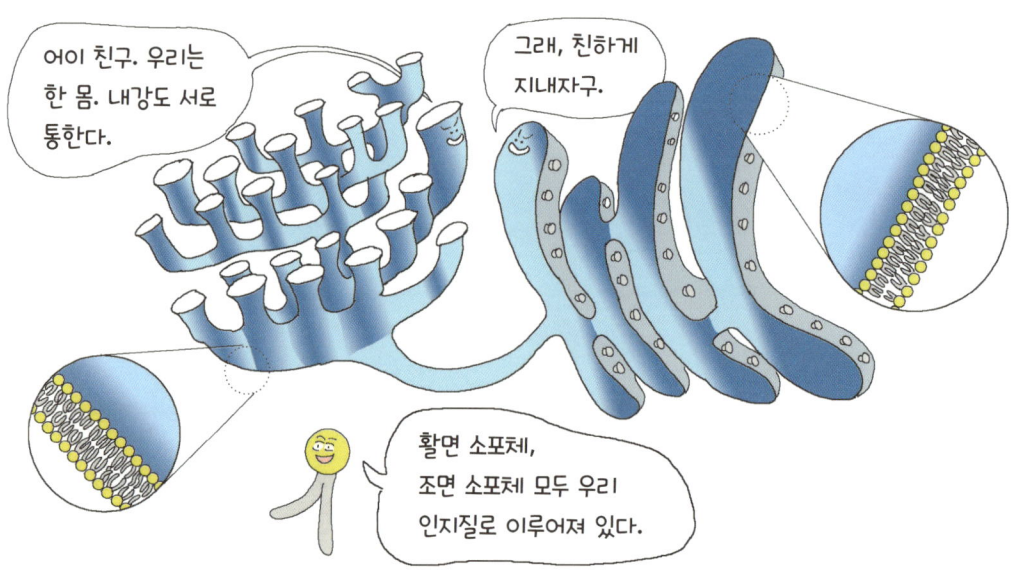

소포체 다음으로는 소포체와 비슷하게 생긴 골지체에 대해 공부해 보자.

골지체는 한자어가 아니고 골지(Golgi)라는 이름의 이탈리아의 세포학자가 발견했다.

골지가 19세기 말에 학계에 보고한 골지체의 존재는 처음에는 인정받지 못하였다. 염색 과정의 오류라고 보는 학자들도 많았기 때문이다.

Golgi, C (1898) 논문의 그림.

하지만 1954년 전자현미경을 이용하여 골지체의 존재가 증명된 후 골지체의 존재에 대한 모든 논란은 종식되었다. 골지체는 존재한다.

그렇다면 <mark>골지체의 기능</mark>은 무엇일까?

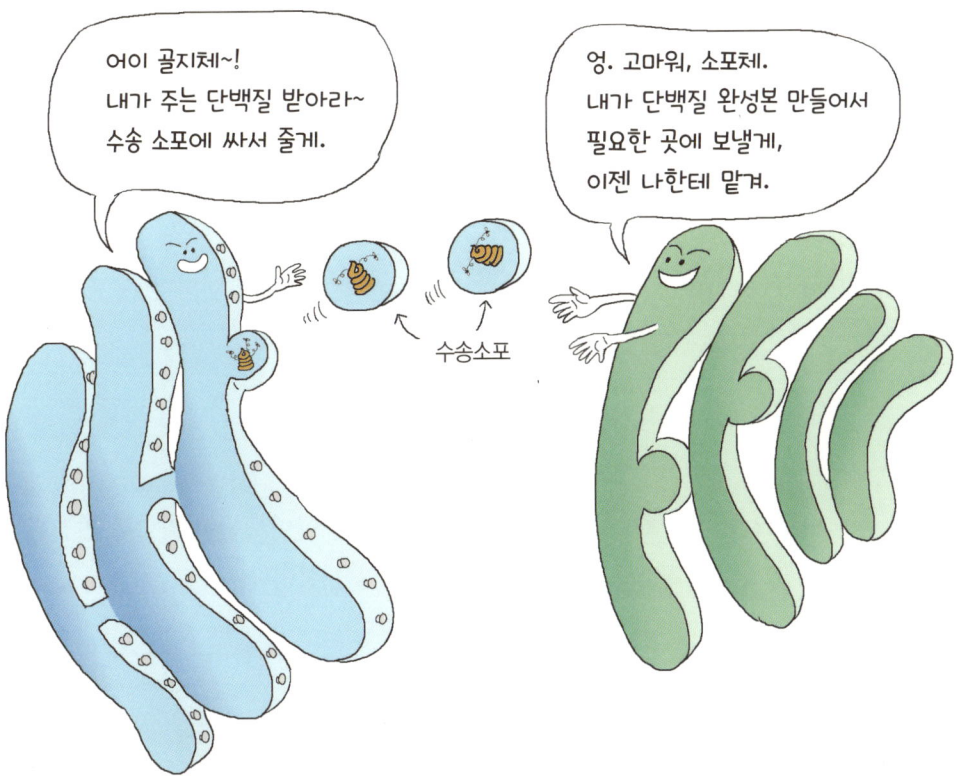

단백질은 소포체 안에서 소포체 효소들에 의해 가공이 끝나기도 하고 또 어떠한 단백질은 골지체에서 골지체 효소에 의해 추가로 가공이 진행되어 완성본 단백질이 되기도 한다.

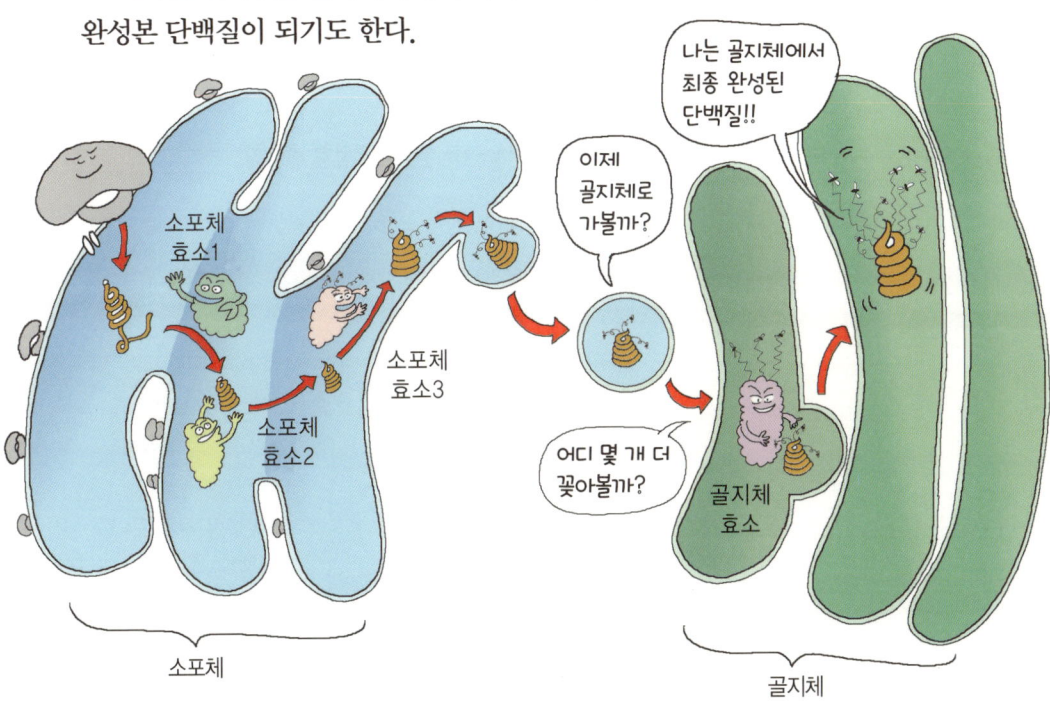

여기 조면 소포체 위의 리보솜에서 만들어져 소포체 내강에서 변형 과정을 거치고 추가로 골지체에서 가공된 단백질이 있다.

만화적인 표현으로 위와 같이 그렸지만 사실 **단백질은 아미노산이 일렬로 연결된 '폴리펩티드'가 일정한 3차원 형태로 똬리를 틀고 있는 것**이다.

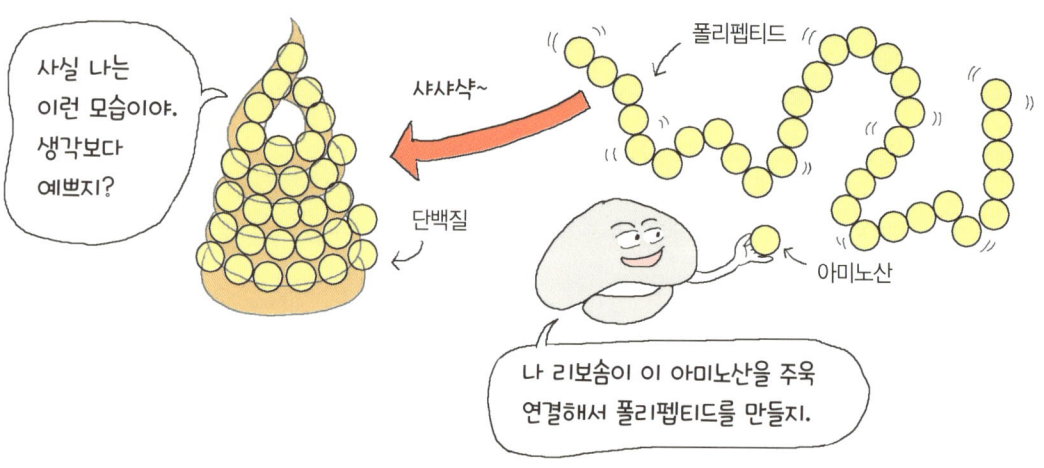

소포체와 골지체의 효소들이 붙여준 이것들은 단백질의 기능을 보조하는 지질이나 탄수화물을 뜻한다.

단백질이 따리를 트는 메커니즘이나 지질, 탄수화물의 역할에 대해서는 생화학 편을 참고하도록 하자.

골지체의 또 다른 중요한 기능 중의 하나는 완성된 단백질을 세포의 필요한 곳에 보내는 물류센터 역할이다.

골지체 안에서는 실제로 많은 단백질들이 배송을 위해 대기 중이다.

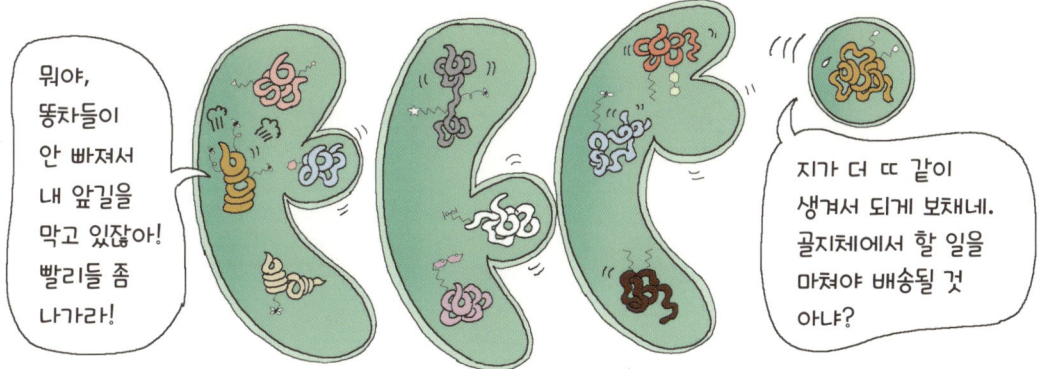

그렇다면 도대체 단백질은 무슨 기능을 하기에
세포 이곳 저곳으로 배송되어야만 하는 걸까?

## 단백질은 과연 무엇일까?

그렇다. 단백질은 고단백 저칼로리 닭가슴살의 영양 성분 정도로
간단하게 생각할 것이 아니고 나노 사이즈의 분자 기계라고 이해하자.
단백질, 그중에서도 효소는 세포 안에서 일어나는 온갖 생화학 반응을 촉매하는
분자 기계인 것이다. 물론 효소가 아닌 단백질도 분자 기계처럼 작동한다.

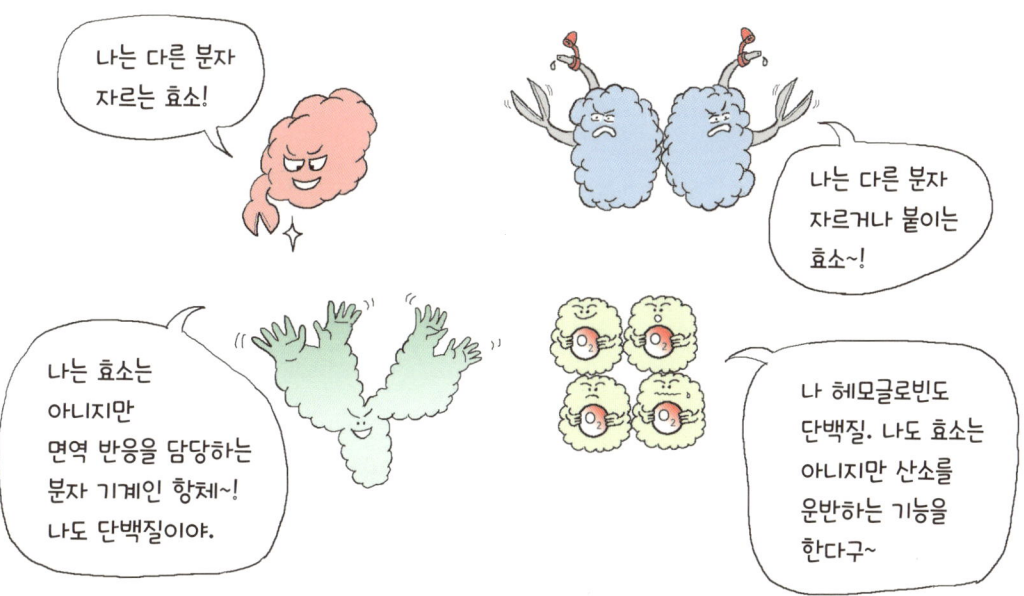

단백질은 이렇게 세포의 기능에 중요한 역할을 담당하는 분자 기계이기 때문에
세포의 물류 센터인 골지체에서 특정 단백질이 필요한 세포 내 장소로 각각 배달된다.

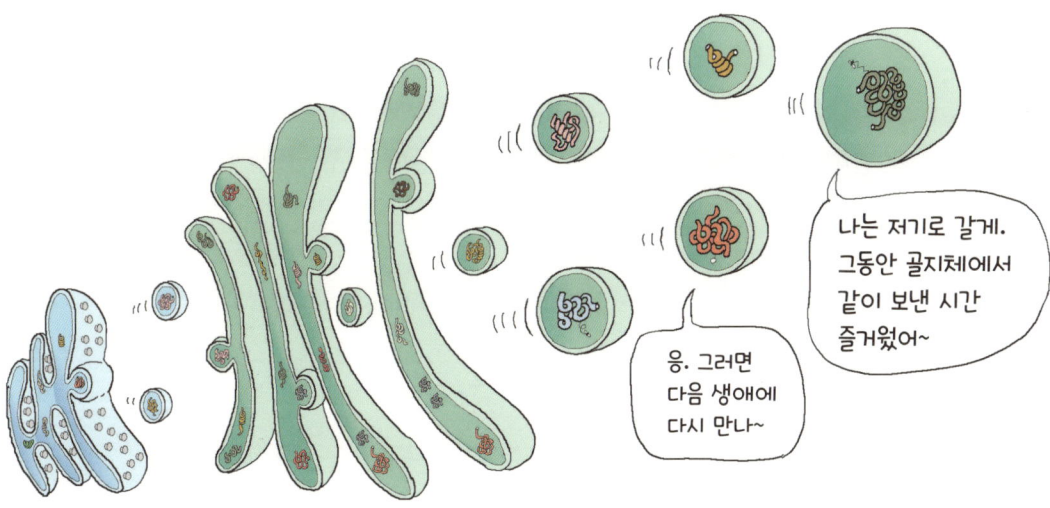

수송소포 안의 단백질들은 세포 밖으로 분비되기도 하고 다음에 배울 세포 소기관인 리소솜으로 가기도 하고 심지어는 소포체로 되돌아가기도 한다.

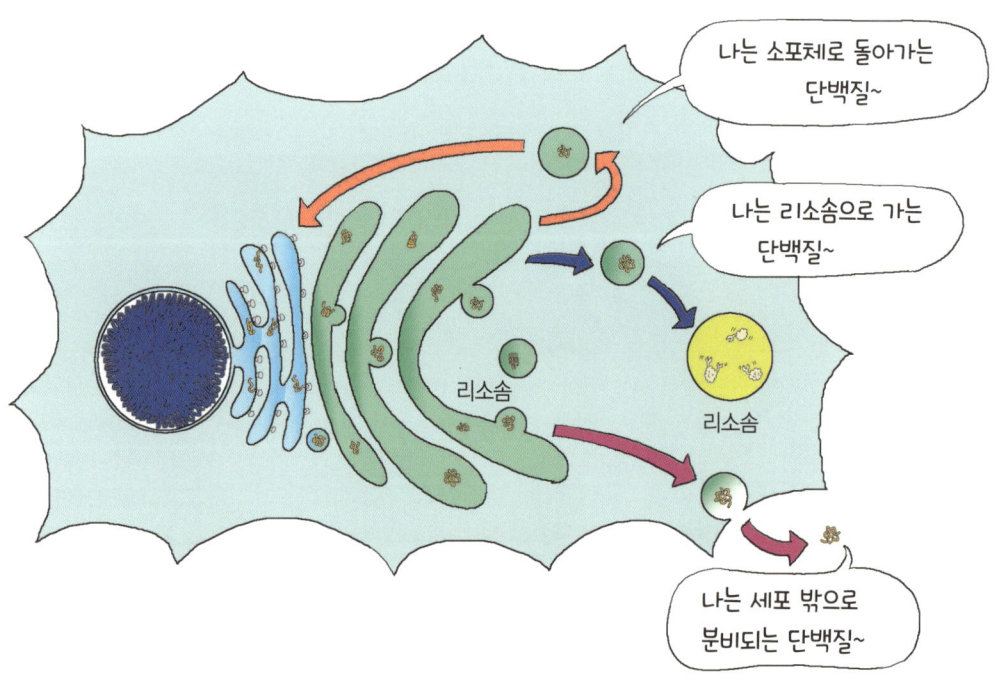

이번에는 **리소솜**에 대해 배워보자. 리소솜은 소포체, 골지체와 함께
내막 시스템(내막계, Endomembrane system)에 속한다.

리소솜은 리소좀이라고도 하는데 영어로는 'lysosome'이다.
lysis(분해)와 관련된 온갖 가수분해 효소들이 모여있는 세포 내 소기관이다.

리소솜 안의 가수분해 효소는 필요 없어진 세포 내 분자들을 분해하여 재활용
할 수 있게 해준다. 리소솜은 일종의 **세포 내 재활용센터라고** 생각하면 된다.

**퍼옥시좀은 리소솜처럼 물질의 분해를 담당하는 세포 내 소기관**이다.
퍼옥시좀은 주로 독성물질이나 리소솜에서 잘 분해하기 힘든
길이가 긴 지방산, 아미노산의 광학 이성질체 등을 분해한다.

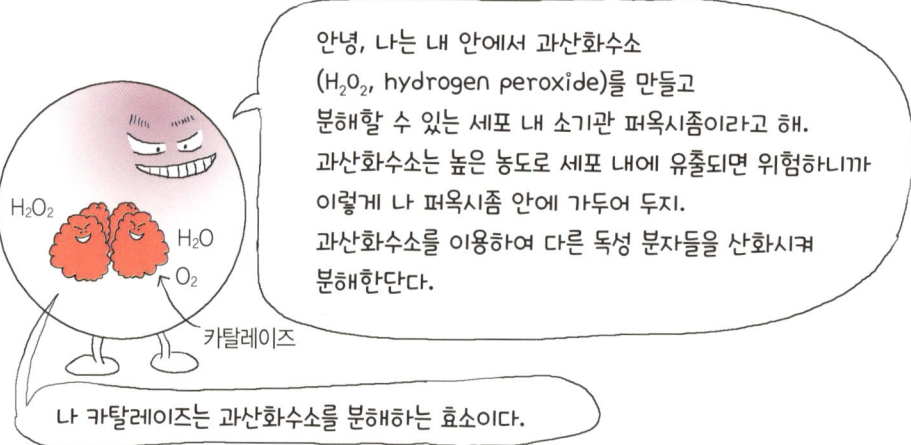

이번에는 조면 소포체 편에서 출연했었던 리보솜을 조금만 더 자세히 들여다보자.

그렇다. 리보솜은 다른 세포 내 소기관과 달리 인지질 이중층으로 둘러싸여 있지 않다.
그리고 크기가 너무 작다.

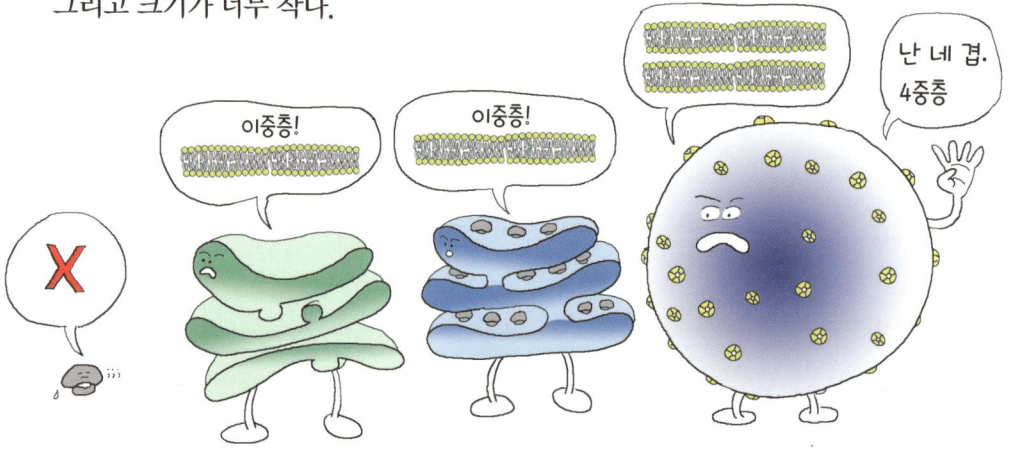

그럼에도 불구하고 리보솜은 '단백질 합성'이라는 엄청나게 중요한 일을 수행하고 있으므로 세포 내 소기관에 일반적으로 끼워주는 분위기다.

다음은 미토콘드리아와 엽록체에 대해 공부해 보자.

미토콘드리아와 엽록체는 '내부 공생설'에서 설명하는 것처럼
아주 오래전 진핵세포 안으로 들어와 공생하고 있는 세포 내 소기관이다.

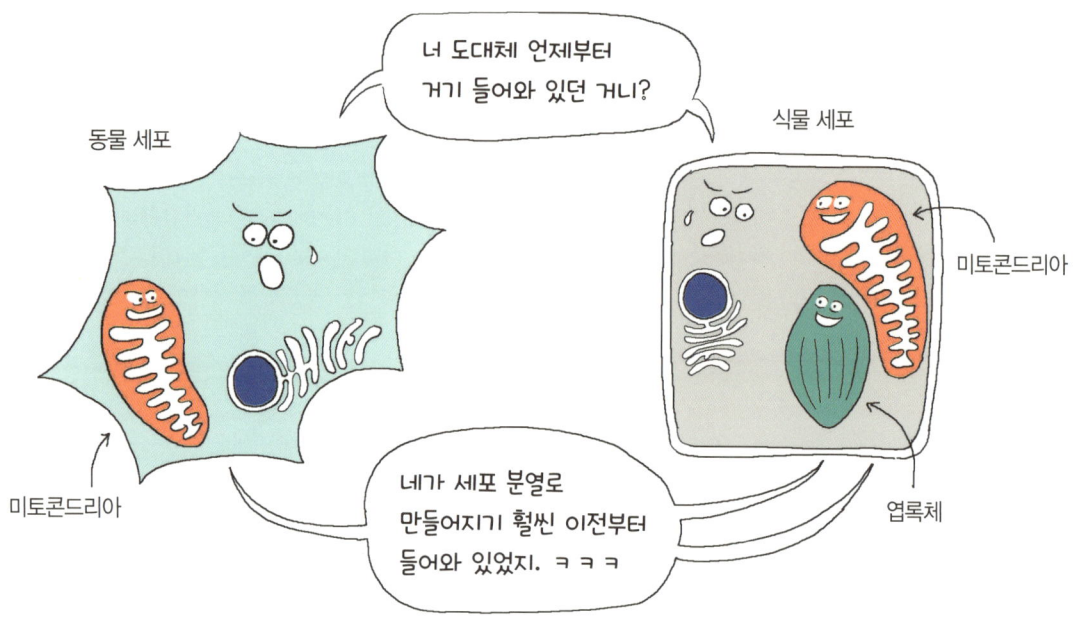

그러면 '옛날 이야기'를 해보자. 지구상에 단세포 원핵 생물만 있던 아주 오래전….
아마도 지금으로부터 약 28억 년 전….

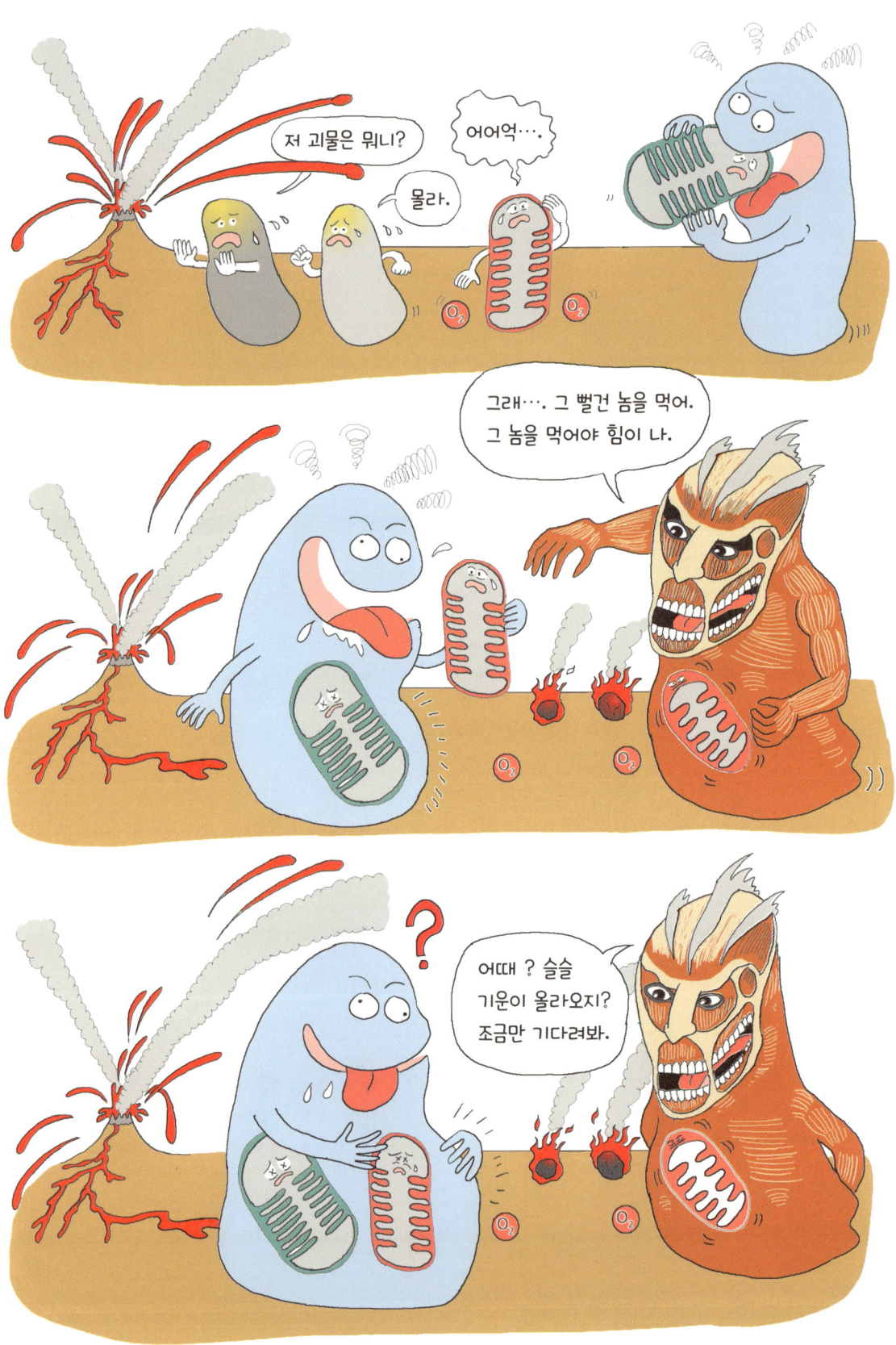

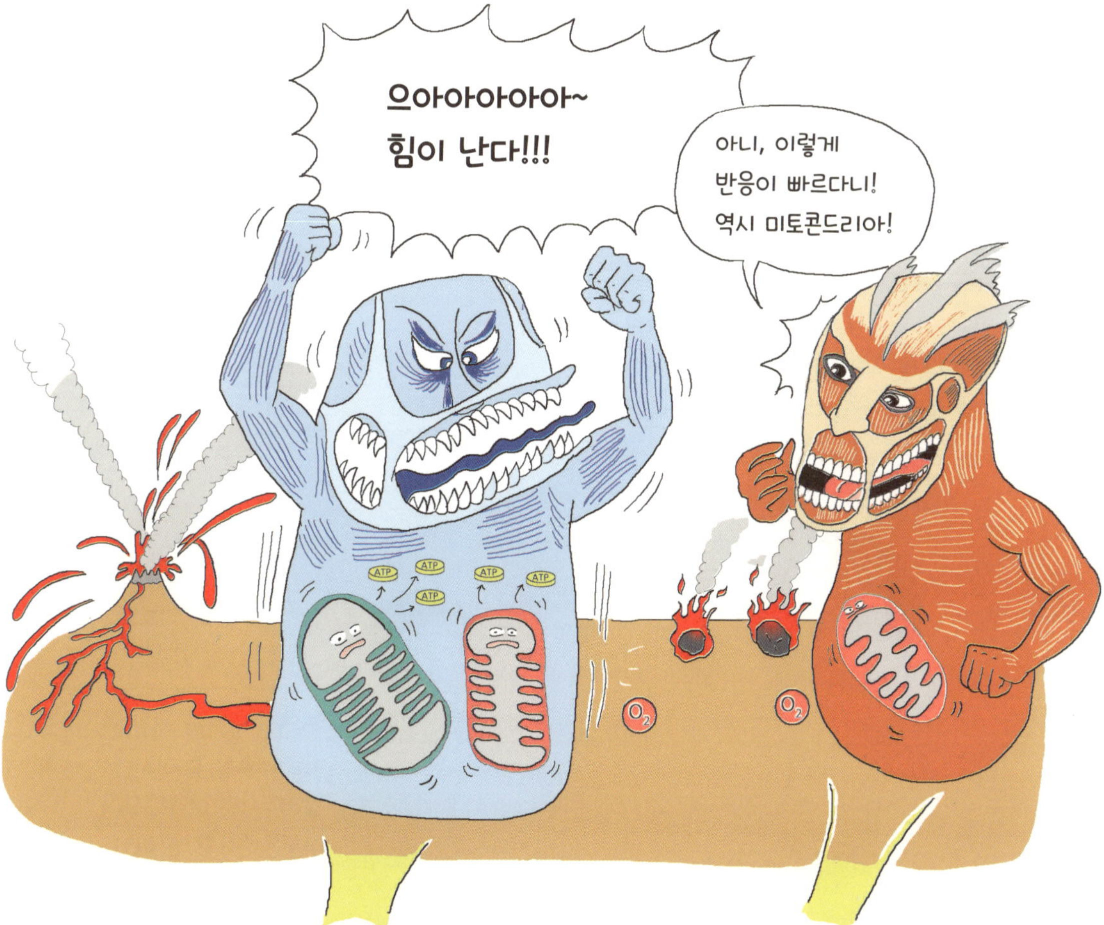

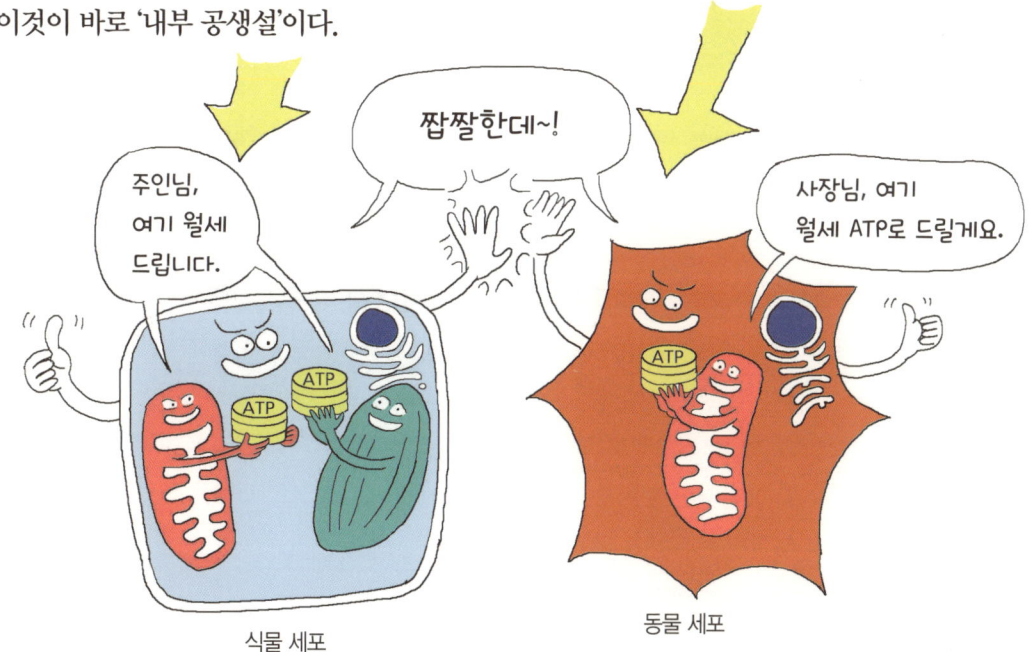

이렇게 산소 호흡 세균과 광합성 세균은 다른 세포 안에서 살게 되었다.
이것이 바로 '내부 공생설'이다.

식물 세포

동물 세포

그렇다면 내부에서 공생하고 있는 미토콘드리아와 엽록체가
주인 세포에게 바치는 ATP란 과연 무엇일까?

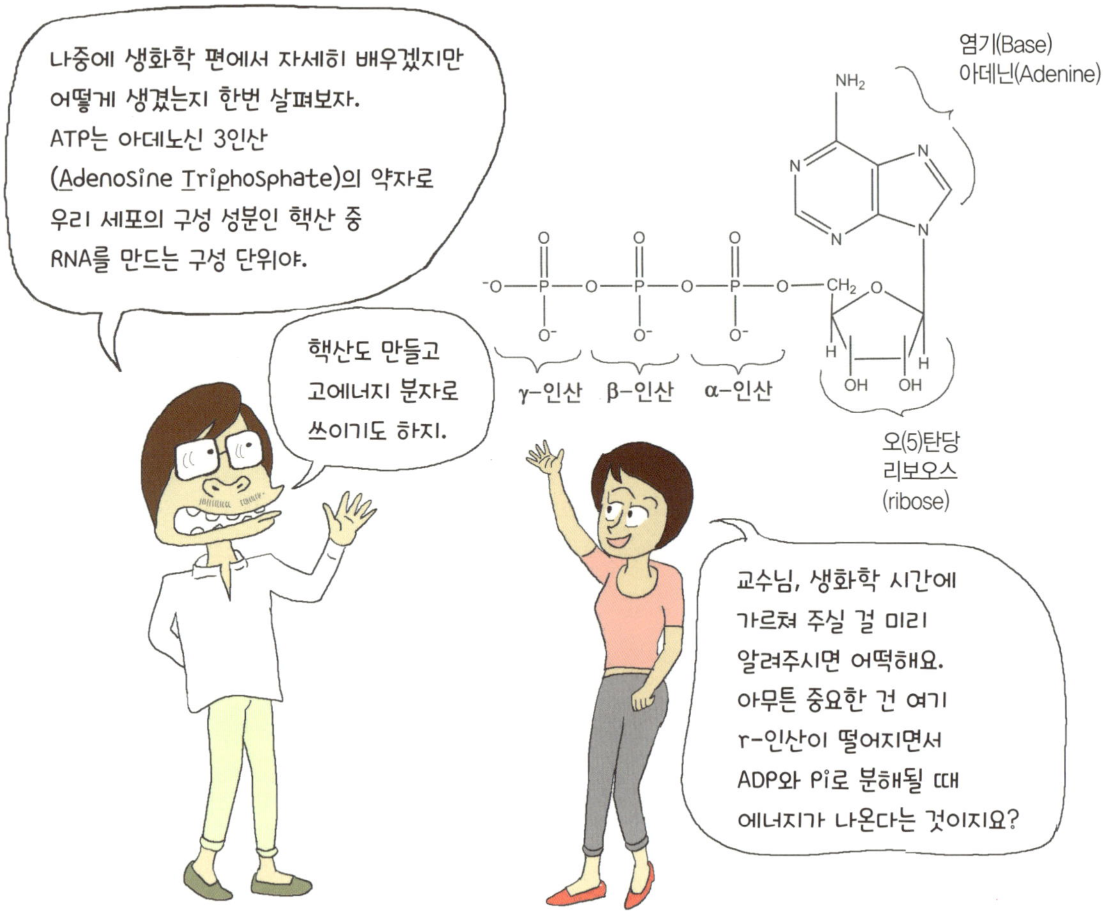

> 나중에 생화학 편에서 자세히 배우겠지만
> 어떻게 생겼는지 한번 살펴보자.
> ATP는 아데노신 3인산
> (Adenosine Triphosphate)의 약자로
> 우리 세포의 구성 성분인 핵산 중
> RNA를 만드는 구성 단위야.

> 핵산도 만들고
> 고에너지 분자로
> 쓰이기도 하지.

염기(Base)
아데닌(Adenine)

γ-인산  β-인산  α-인산

오(5)탄당
리보오스
(ribose)

> 교수님, 생화학 시간에
> 가르쳐 주실 걸 미리
> 알려주시면 어떡해요.
> 아무튼 중요한 건 여기
> γ-인산이 떨어지면서
> ADP와 Pi로 분해될 때
> 에너지가 나온다는 것이지요?

그렇다. ATP란 세포 내에서 간편하게 쓰이는 현금과 같은 에너지를
가지고 있는 분자이다. ADP*와 Pi**로 분해될 때 에너지가 나오고
다시 에너지를 충전하여 ATP로 만들어 재사용할 수 있다.

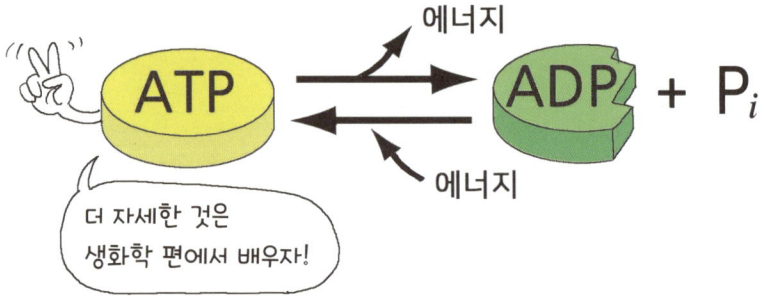

> 더 자세한 것은
> 생화학 편에서 배우자!

---

* ADP: 아데노신 2인산(Adenosine diphosphate)
** P$_i$: 무기인산(Inorganic phosphate)

다음 장에서는 세포가 에너지를 얻기 위해, 혹은 에너지를 쓰면서 수행하는 세포막 안팎으로의 물질 수송에 대해 공부해 보자.

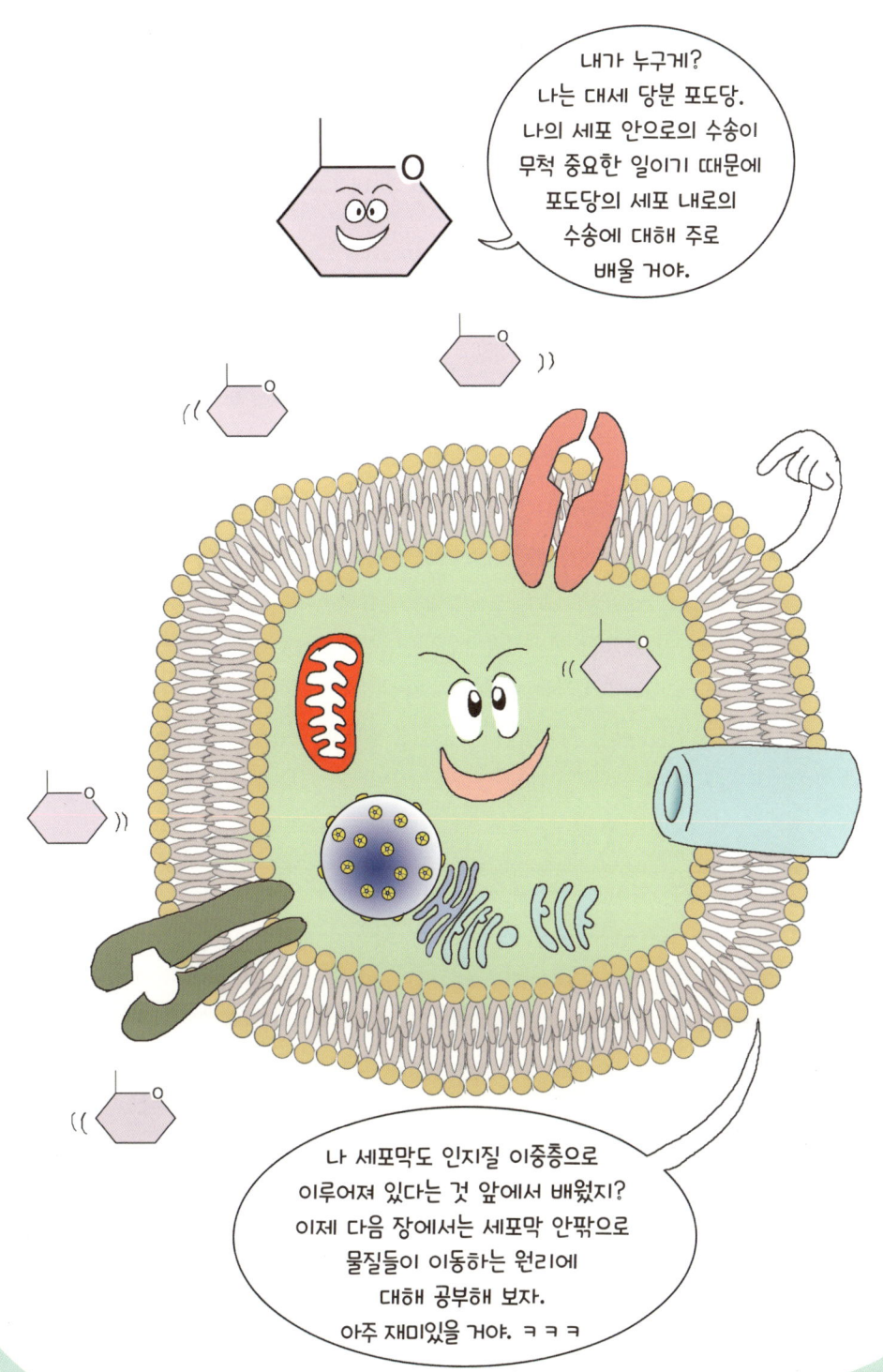

 **더 알아보기** ## '내부 공생설'에 좀더 자세하게 알아볼까요?

　내부 공생설은 언뜻 쉽게 믿기 어려울 수도 있습니다. 박테리아가 우리 세포 안의 에너지 공장인 미토콘드리아의 조상이라니요. 하지만 내부 공생설을 지지하는 여러 가지 증거가 발견되었습니다. 우선 미토콘드리아는 박테리아처럼 이분법으로 분열합니다. 마치 자유롭게 세포 밖에서 살아가는 박테리아처럼 우리의 세포 안에서 분열하여 그 수를 늘리는 것이지요. 또 다른 증거는 미토콘드리아가 가지고 있는 DNA입니다. 박테리아가 자신만의 원형 DNA를 가지고 있듯이 미토콘드리아의 DNA도 쭉 펴보면 원형 모양입니다. 다만 박테리아와 미토콘드리아의 원형 DNA는 모두 꼬불꼬불 말린 상태로 존재하지요. 실의 양쪽 끝을 묶어서 동그란 형태를 만들어 책상 위에 올려놓고 손바닥으로 마구 비비면 뭉친 형태가 되겠지요? 그런 형태의 DNA를 박테리아와 미토콘드리아가 모두 가지고 있습니다. 미토콘드리아는 자신만이 가지고 있는 DNA로부터 전사/번역과정을 통해 미토콘드리아 안에서 단백질을 합성합니다. 물론 식물 세포가 내부 공생으로 가지고 있는 엽록체도 미토콘드리아와 마찬가지로 자신만의 원형 DNA로부터 독자적으로 단백질 합성을 수행합니다.

　미토콘드리아는 본문에서 이야기한 대로 ATP라는 고에너지 분자를 만드는 일종의 공장 역할을 하는데, 이때 많은 단백질이 ATP를 만드는 과정에서 효소 역할을 하기 위해 필요합니다. 미토콘드리아는 자신이 필요한 단백질을 미토콘드리아 DNA로부터 직접 만들어서 사용하기도 하고 자신이 직접 만들지 못하는 단백질은 자신이 들어와 살고 있는 숙주세포로부터 얻어서 사용하기도 하지요. 우리가 사용하는 공산품 중에서 한국에서 제조하여 국민들이 자급자족하는 공산품도 있고 수입에 의존하는 공산품도 있는 것과 비슷하다고 할 수 있습니다.

　미토콘드리아는 세포질로부터 수입한 단백질과 자신이 직접 만든 단백질을 이용하여 지금도 우리의 세포 안에서 열심히 ATP를 합성하고 있습니다. 우리가 잠시라도 산소를 호흡하지 못하면 큰 위험에 처하게 되는 이유는 바로 우리 세포 안에서 공생하고 있는 미토콘드리아가 ATP를 만들기 위해 산소를 필요로 하기 때문입니다. 즉, 우리는 산소 없이는 살아있을 수 없고 미토콘드리아가 없어도 생명을 유지할 수 없습니다. 먼 옛날 미토콘드리아의 전신인 박테리아를 꿀꺽 삼켰던 우리 조상 세포의 대담한 시도를 우리는 무척 고마워해야겠지요?

 **내부 공생설 관련 유튜브 링크 '세포 내 공생과 진화'** by 아름다운 미생물

memo

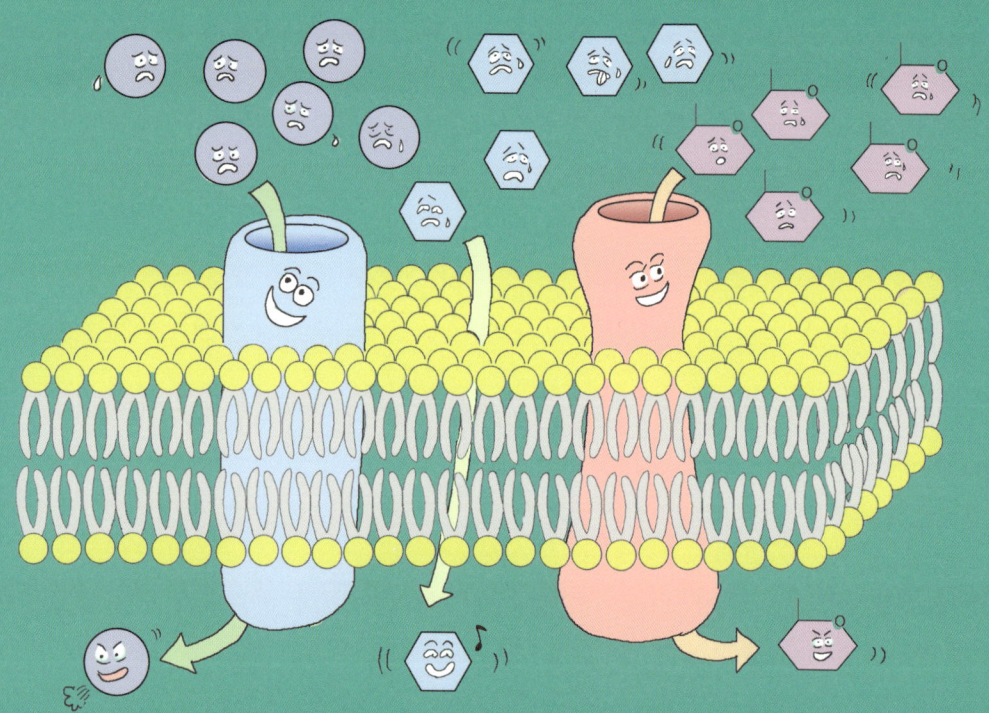

# 세포막과 물질 수송

세포를 둘러싸고 있는 세포막은 어떠한 기능을 할까?
세포 안팎으로 영양분과 노폐물이 이동할 때
물질을 수송하는 방법에는 여러 가지 종류가 있다고 하던데?

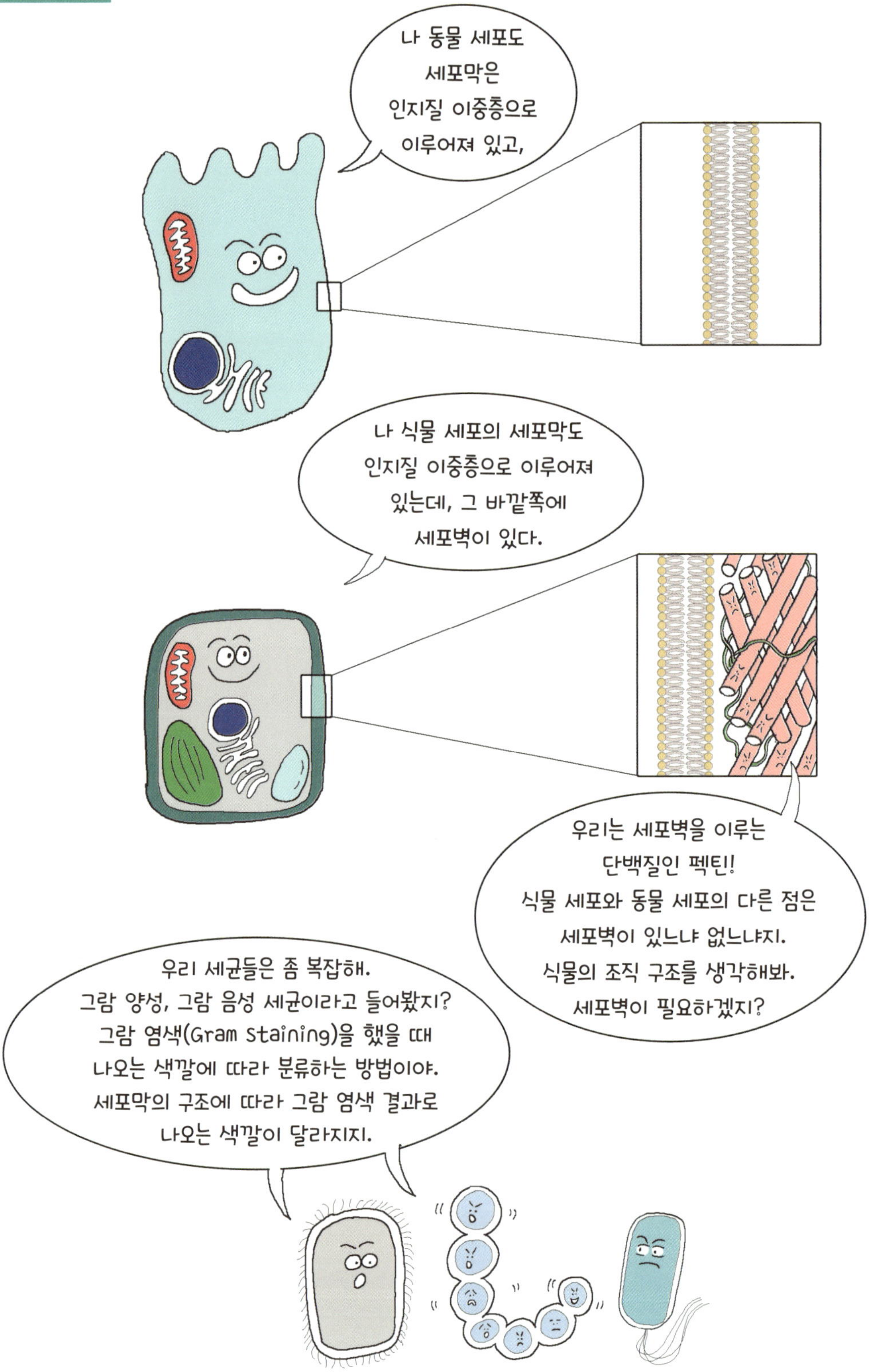

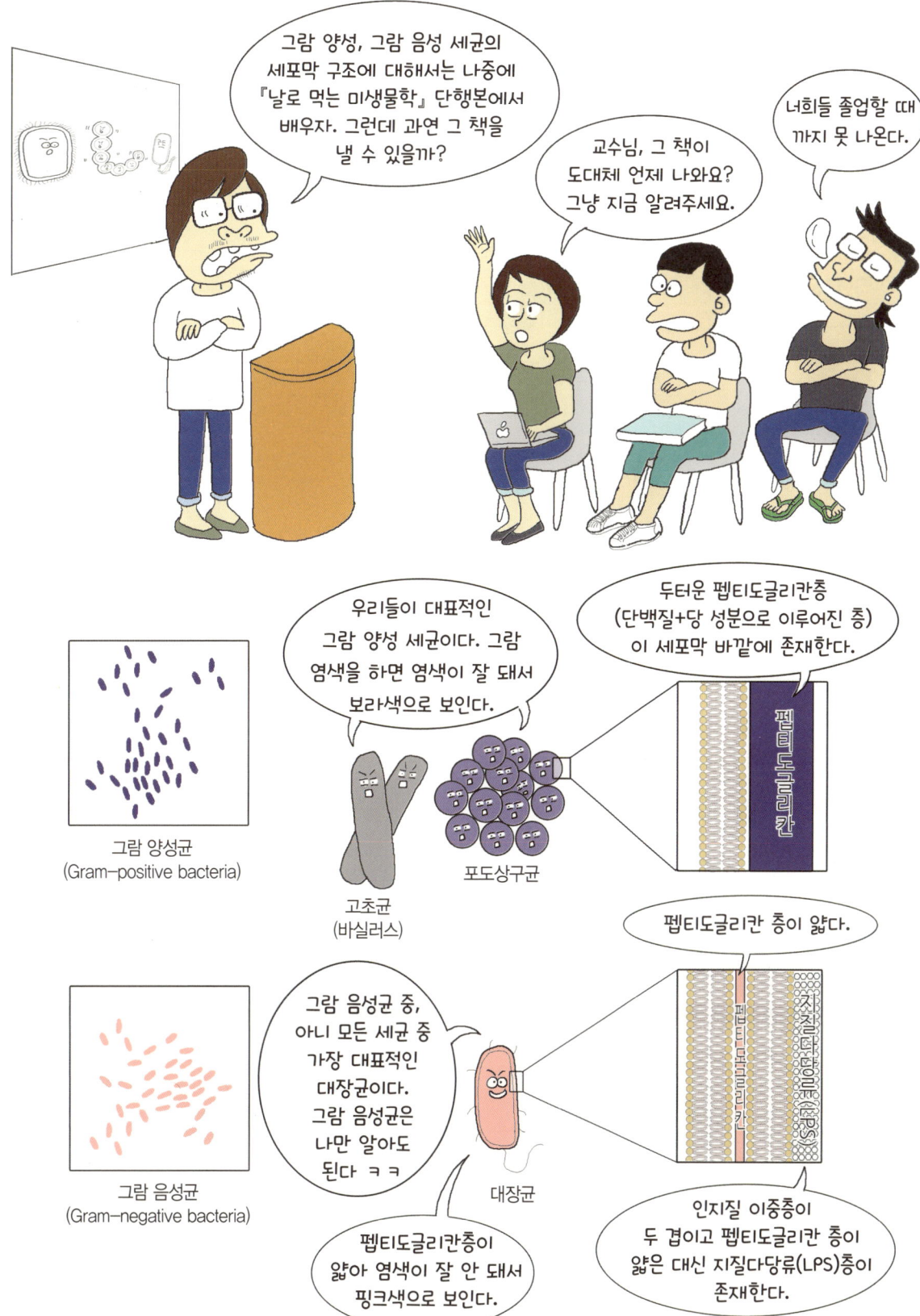

==세포막의 가장 기본적인 기능은 세포 외부와 내부를 나누는 것==이다.

세포가 외부와 내부를 나눠야 하는 이유는
완전 소중한 것들이 세포 안에 있기 때문이다.

그렇다면 세포 외부와 내부를 무엇으로 나누어야 할까?

물질은 크게 물과 친한 친수성 물질과
물과 친하지 않은 소수성 물질로 나눌 수 있다.

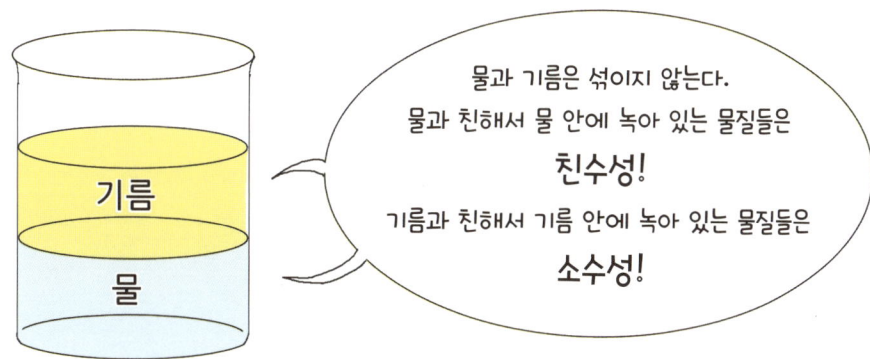

그러니까 세포 안의 물에 녹아있는 친수성 물질들이 세포 밖으로
새어나가지 않게 하려면 물과 친하지 않은 소수성 물질
즉 '기름 성분'으로 세포 안과 밖을 나누면 된다.

세포막을 이루는 기름 성분 중 가장 주된 것은 앞에서 배웠던 인지질이다.

**인지질은 친수성인 머리 부분과 소수성인 꼬리 부분으로 이루어져 있다.**

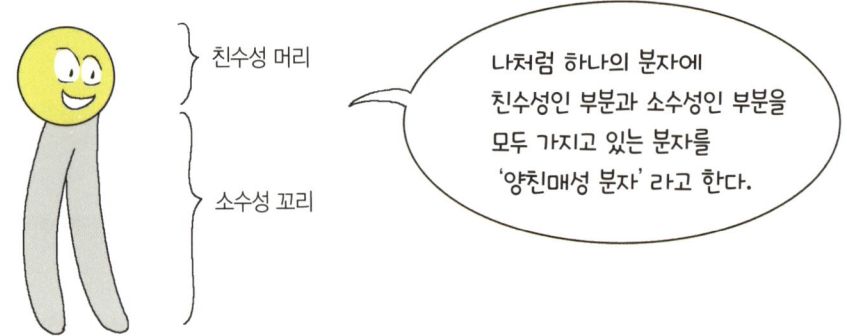

앞에서 이야기했듯이 세포막 바깥도 물, 세포 안도 물이 주성분이기 때문에….

그러므로 세포막은 인지질 이중층으로 이루어진 소수성 장벽(barrier)이다.

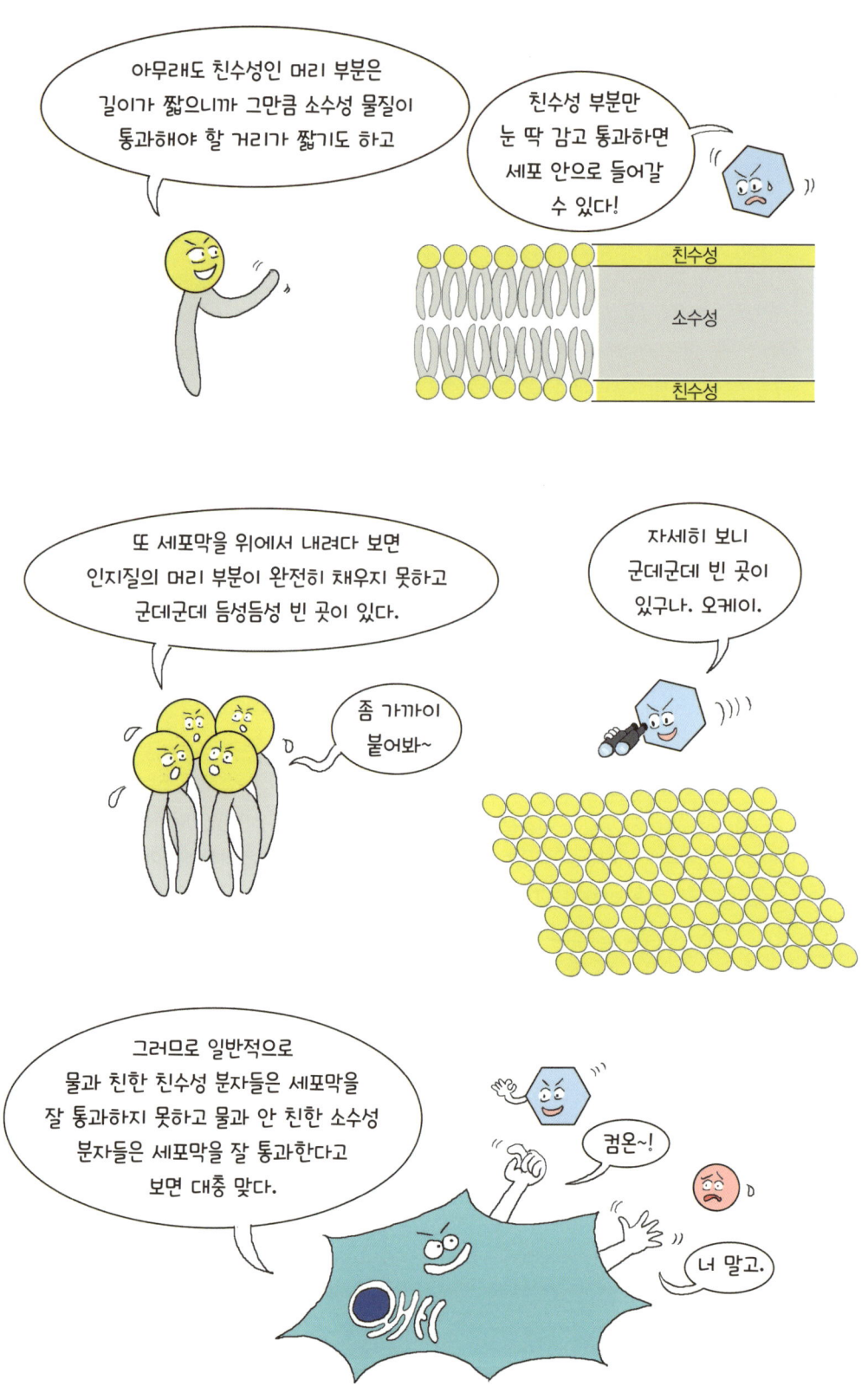

그러면 이쯤에서 세포막을 통과하는 물질과 통과하지 못하는 물질을 대충 나누어보자.

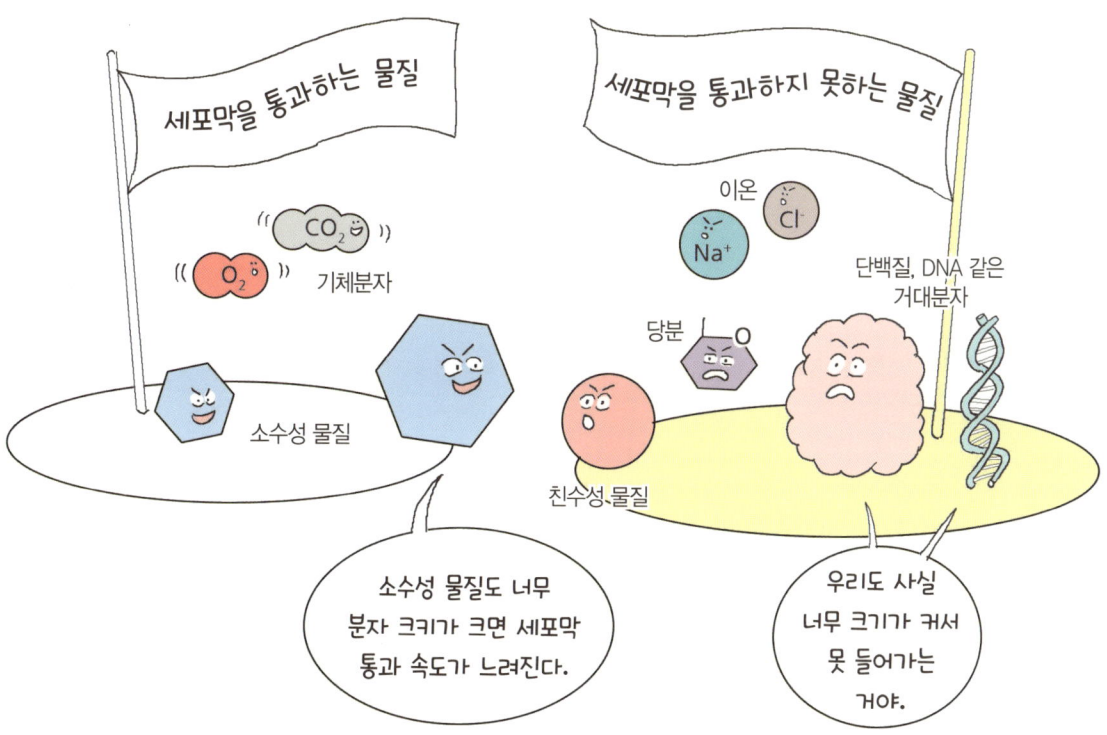

세포막을 통과하지 못하는 물질 중에서도 특히 이온은 수용액 내에서 물분자에 둘러싸여 있기 때문에 더더욱 세포막을 통과하지 못한다.

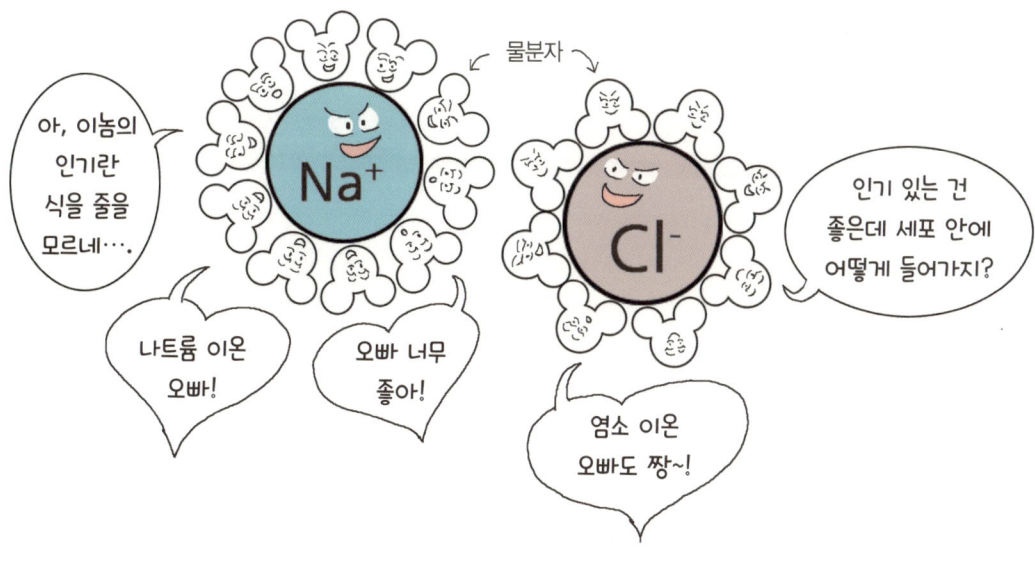

그렇다면 세포막을 통과하지 못하는 물질들 중 세포가 꼭 필요로 하는 물질들은 어떻게 세포 안으로 들어올 수 있을까?

세포막을 가로질러 관통하는 물질 수송을 위한 파이프는 그 구조와 기능에 따라 두 종류로 나눌 수 있다.

**통로 단백질, 운반체 단백질**을 통하여 수송되는 물질, 그리고 세포막을 직접 통과해서 들어오는 소수성 물질은 농도가 높은 쪽에서 낮은 쪽으로만 이동한다. 이러한 현상을 '확산'이라고 한다.

## 촉진 확산 vs 단순 확산

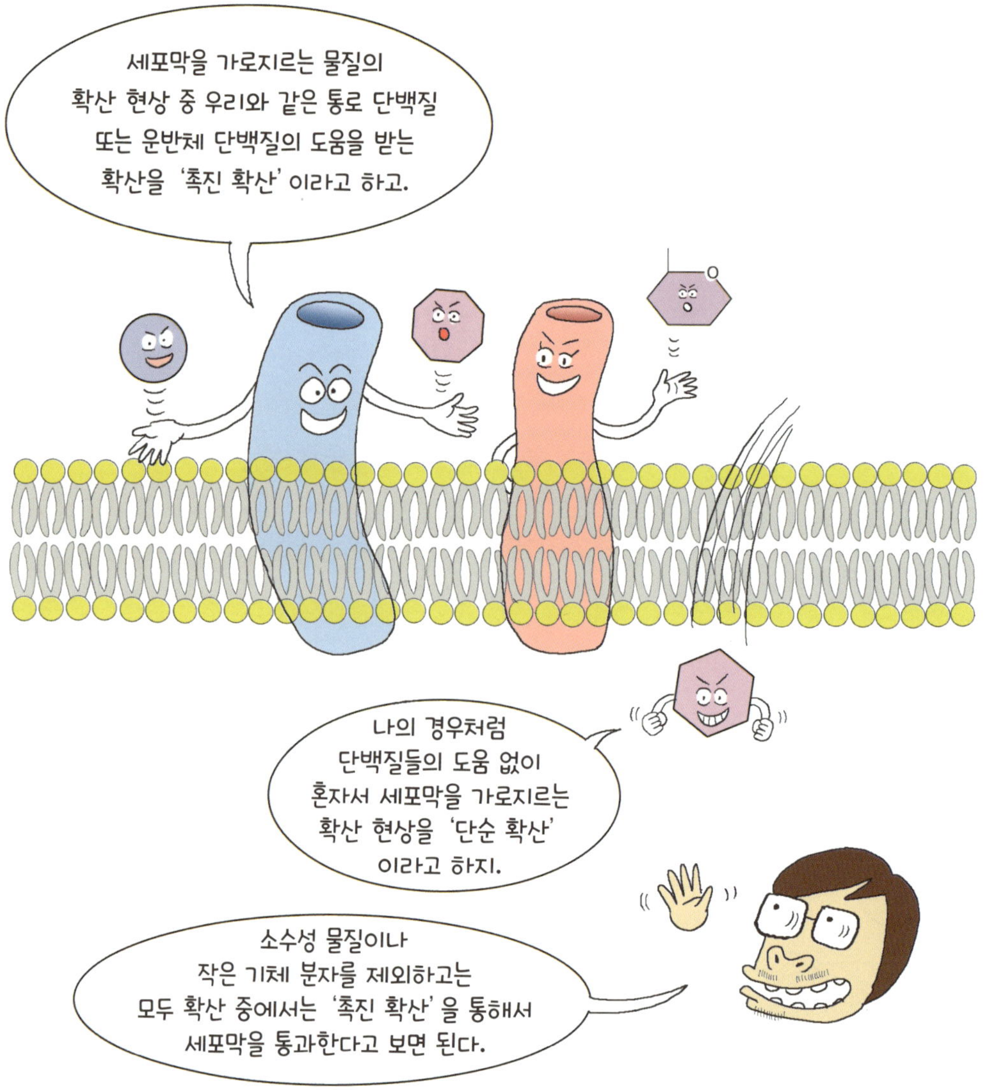

세포막을 가로지르는 물질의 확산 현상 중 우리와 같은 통로 단백질 또는 운반체 단백질의 도움을 받는 확산을 '촉진 확산'이라고 하고,

나의 경우처럼 단백질들의 도움 없이 혼자서 세포막을 가로지르는 확산 현상을 '단순 확산'이라고 하지.

소수성 물질이나 작은 기체 분자를 제외하고는 모두 확산 중에서는 '촉진 확산'을 통해서 세포막을 통과한다고 보면 된다.

그렇다면 '확산' 말고 다른 방법으로 세포막을 가로질러 물질이 통과하는 방법은 없을까?

왜 없겠어? 나의 에너지를 쓰면 되지.

돈으로는 안 되는 것이 없구나;;;;

에너지를 이용하여 농도 차이에 거슬러서 저농도 쪽에서 고농도 쪽으로 물질을 수송하는 것을 '능동 수송'이라고 한다.

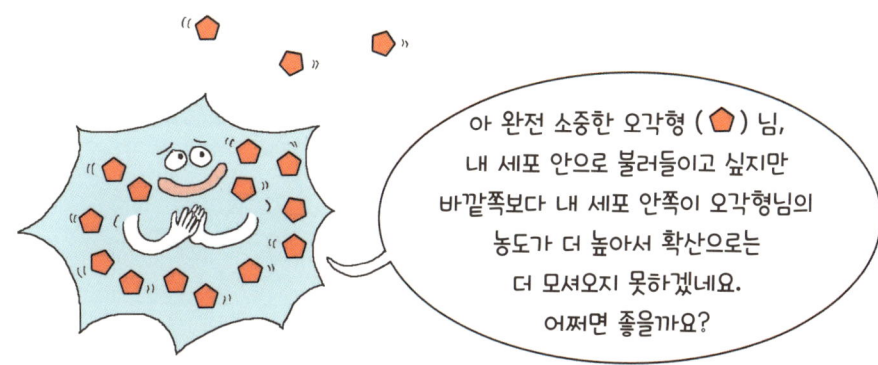

능동 수송에서는 기본적으로 ATP의 에너지를 물질 수송에 이용한다.

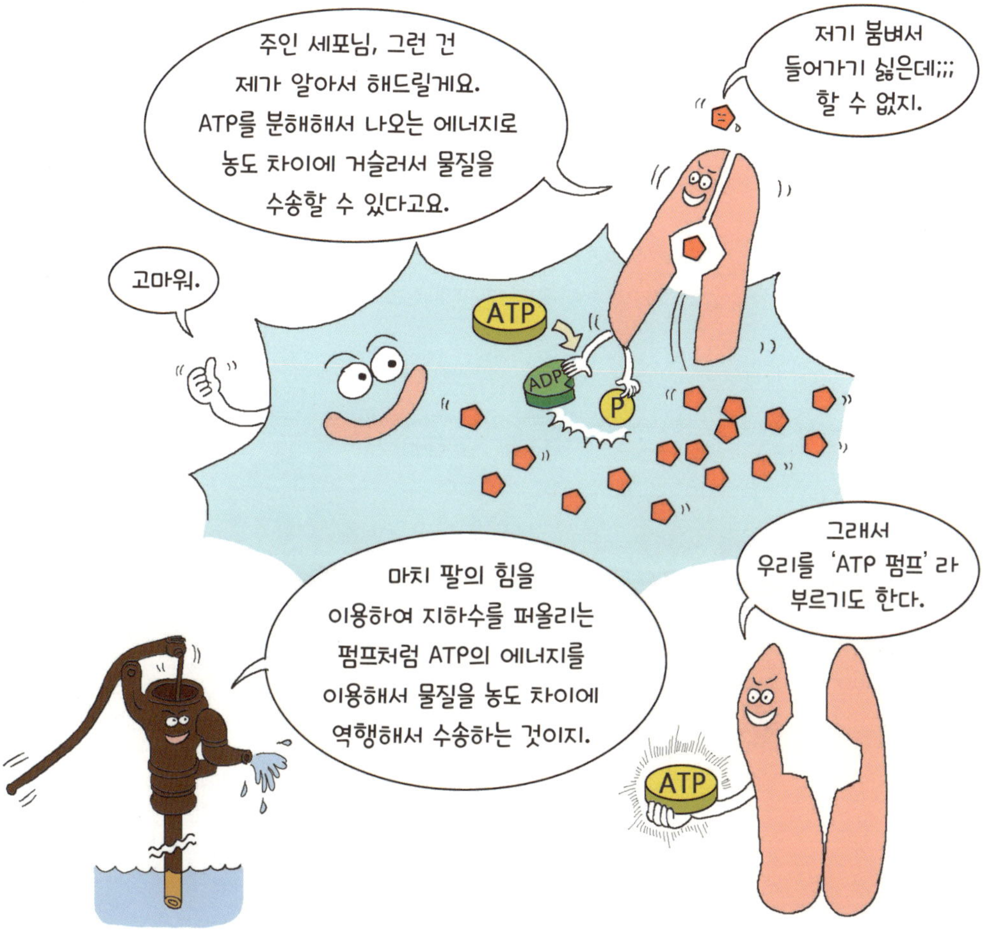

**능동 수송**은 ATP의 에너지를 직접 사용하는 '**직접 능동 수송**'과 직접 사용하지 않는 '**간접 능동 수송**'으로 나눌 수 있다.

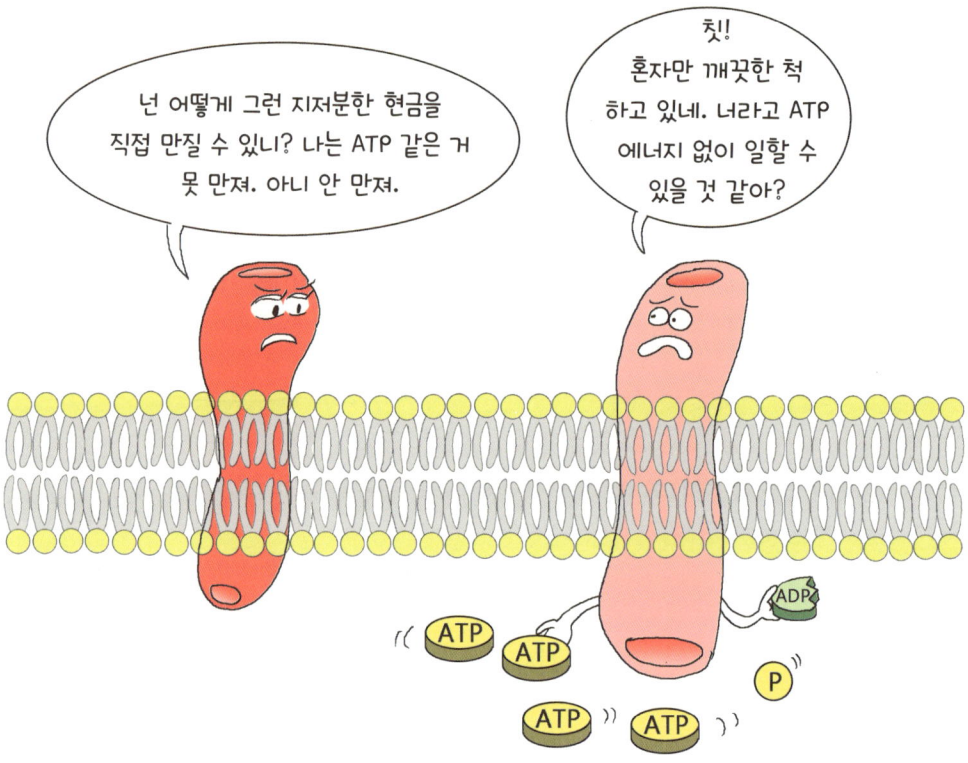

'간접 능동 수송'은 '직접 능동 수송'이 ATP 에너지를 이용하여 만들어 놓은 이온의 농도 차이를 이용한다. 뭔 소리냐고?

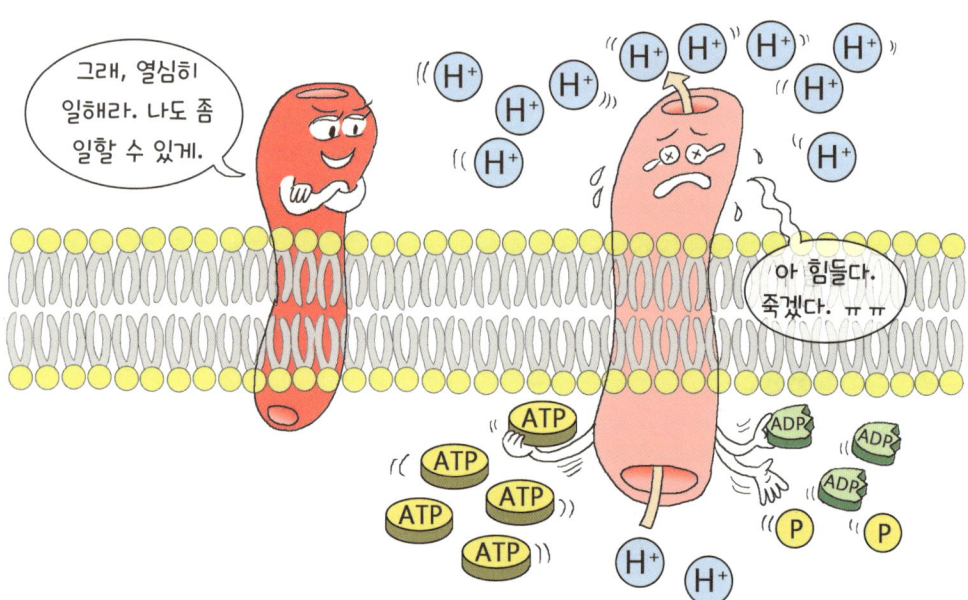

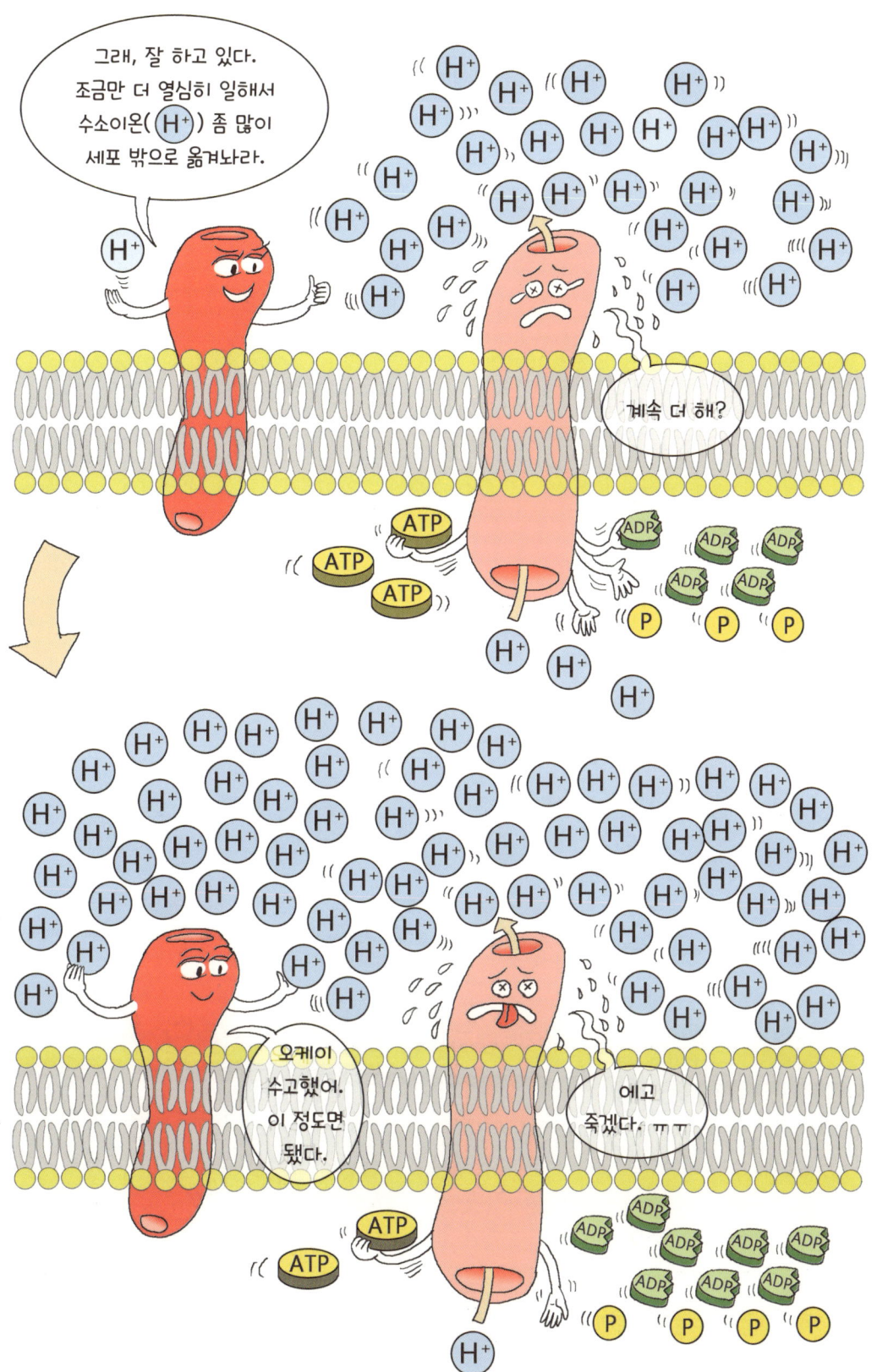

'간접 능동 수송'은 '직접 능동 수송'으로 만들어 놓은
세포막 안팎의 이온 농도 차이를 에너지로 이용하여 원하는 물질을
그 물질의 농도가 낮은 쪽에서 높은 쪽으로 수송하는 수송 방법이다.

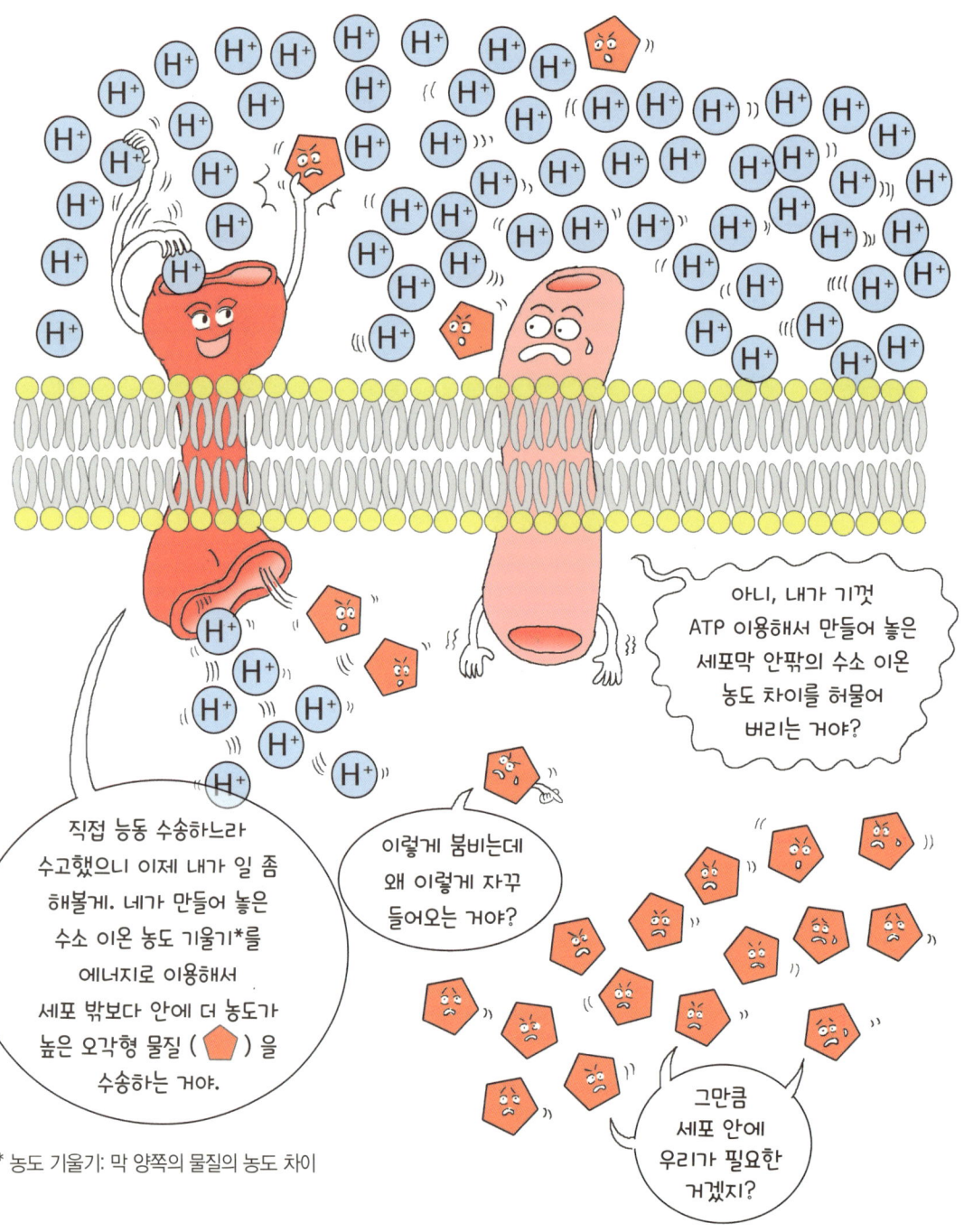

* 농도 기울기: 막 양쪽의 물질의 농도 차이

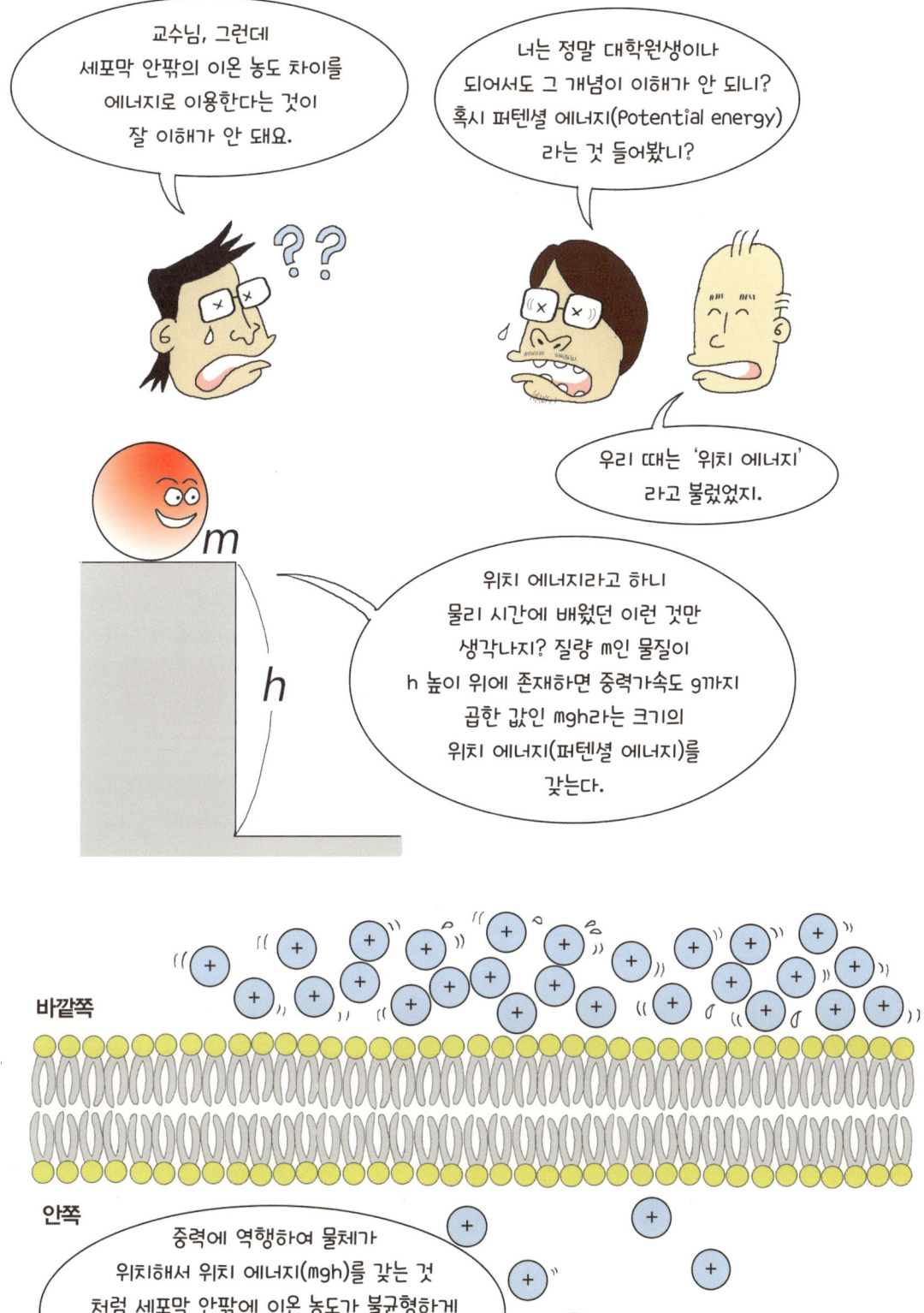

간접 능동 수송을 위해 박테리아는 수소 이온 농도의 기울기를 만들고 진핵 세포는 나트륨 이온 농도의 기울기를 만든다.

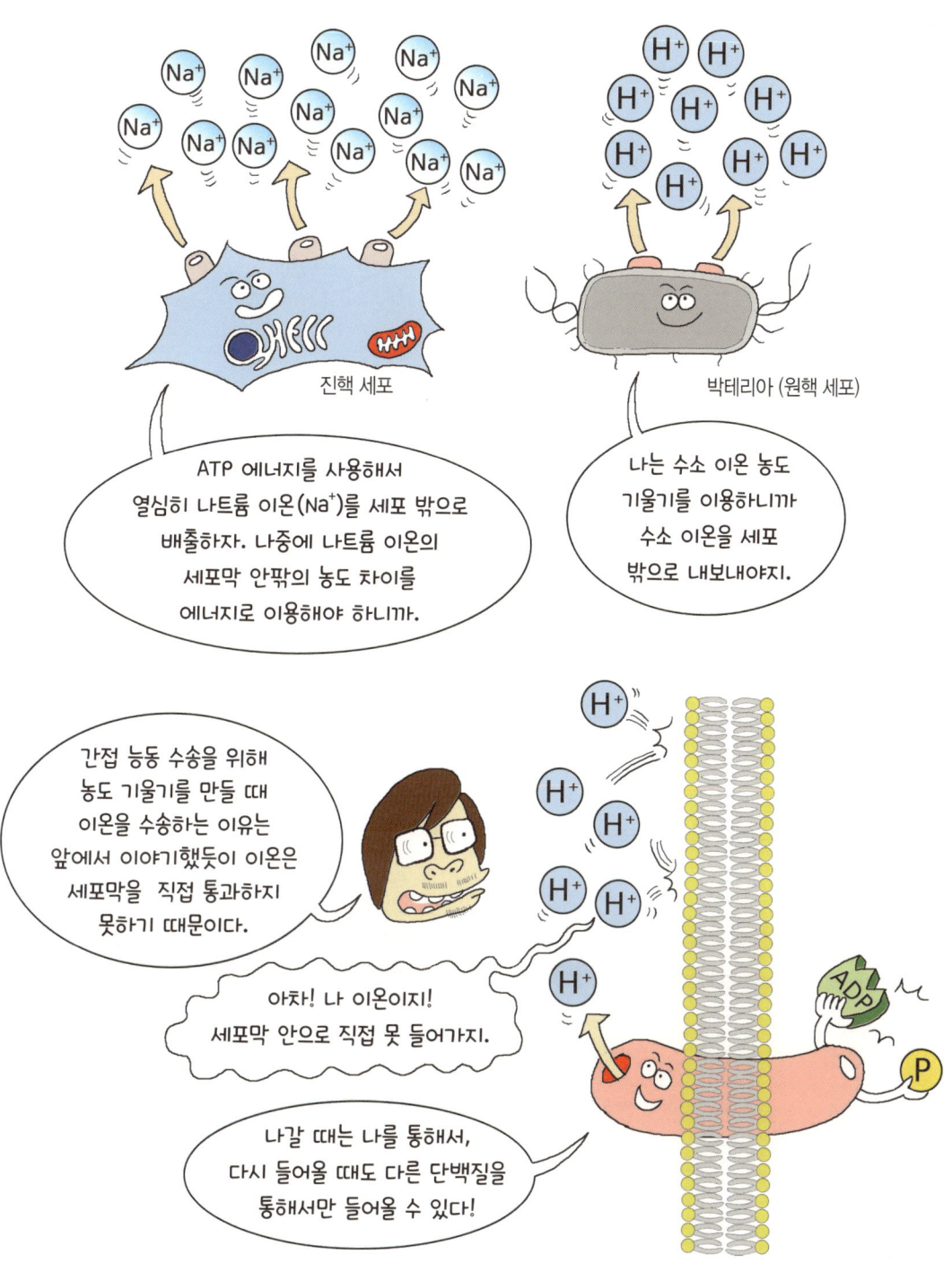

==우리의 세포는 에너지의 20%를 나트륨 이온 농도 기울기를 만들기 위해 쓴다.==

그러면 우리 진핵 세포에서 가장 열심히 일하고 있는 ATP 펌프인
나트륨 칼륨 펌프($Na^+/K^+$-ATPase)에 대해서 공부해 보자.

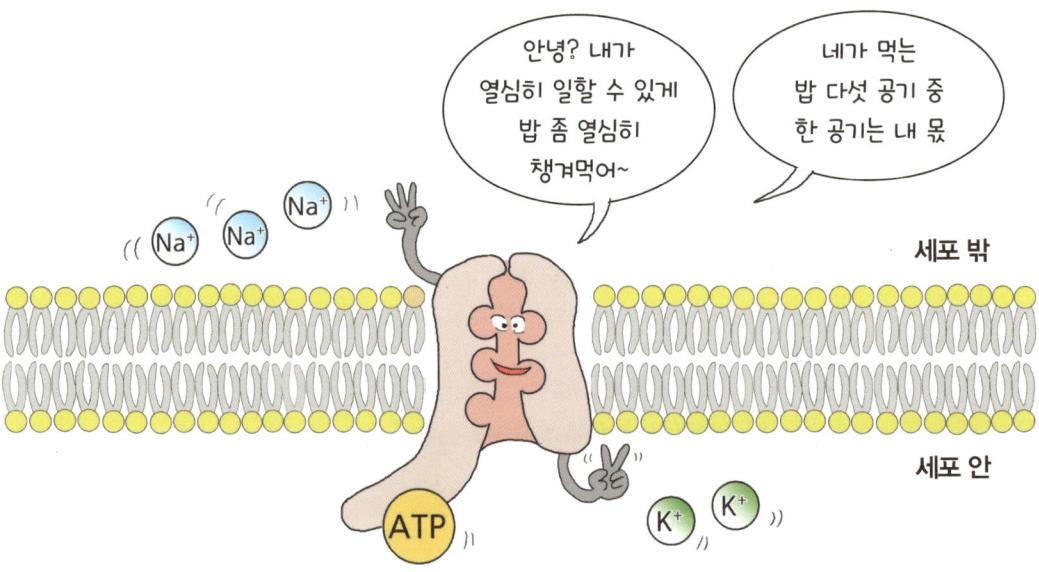

나트륨/칼륨 펌프(Na$^+$/K$^+$-ATPase)는 ATP를 한 개 분해해서 에너지를 낼 때마다 Na$^+$ 이온을 세포 밖으로 세 개 보내고 K$^+$ 이온을 세포 안으로 두 개 가져온다.

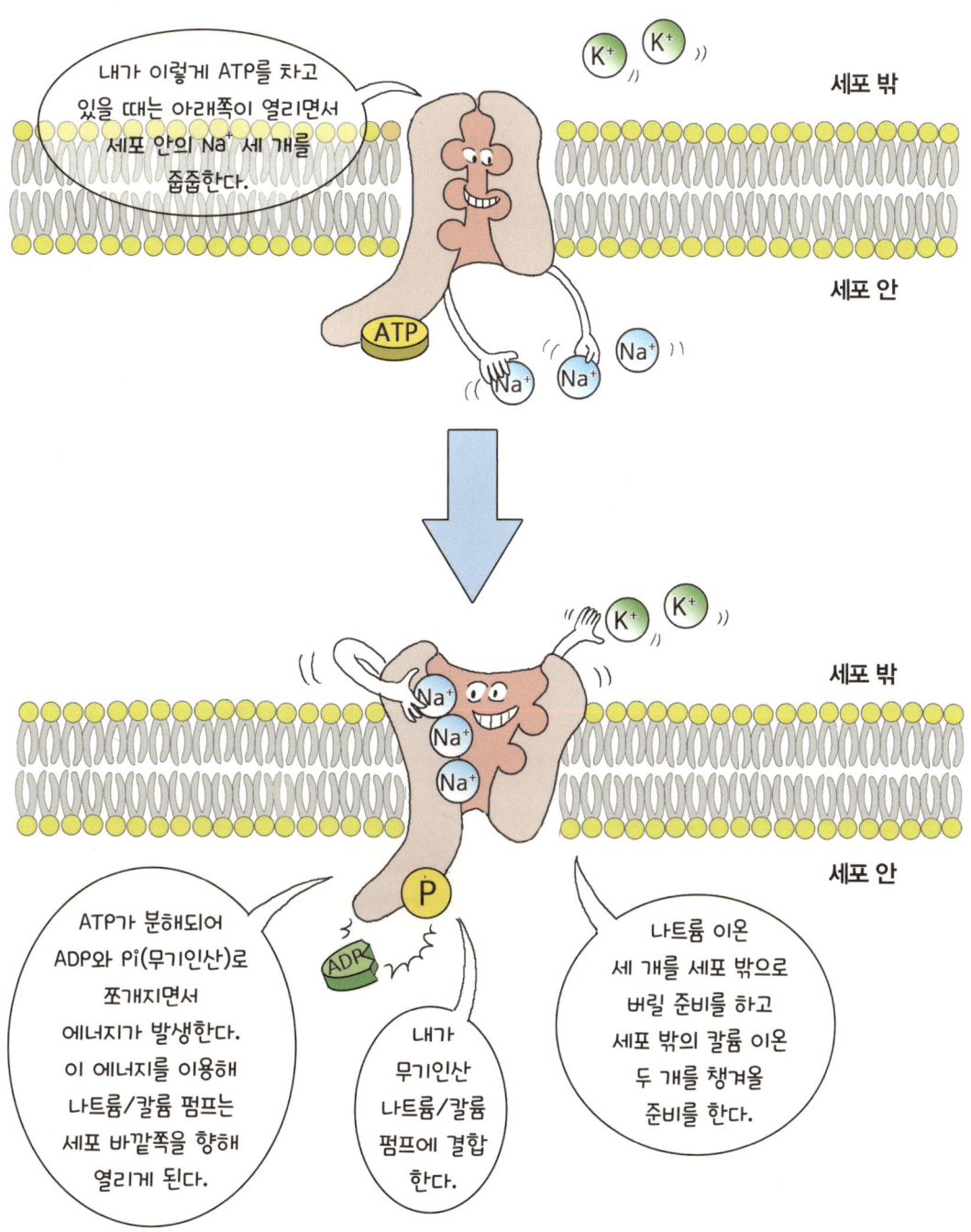

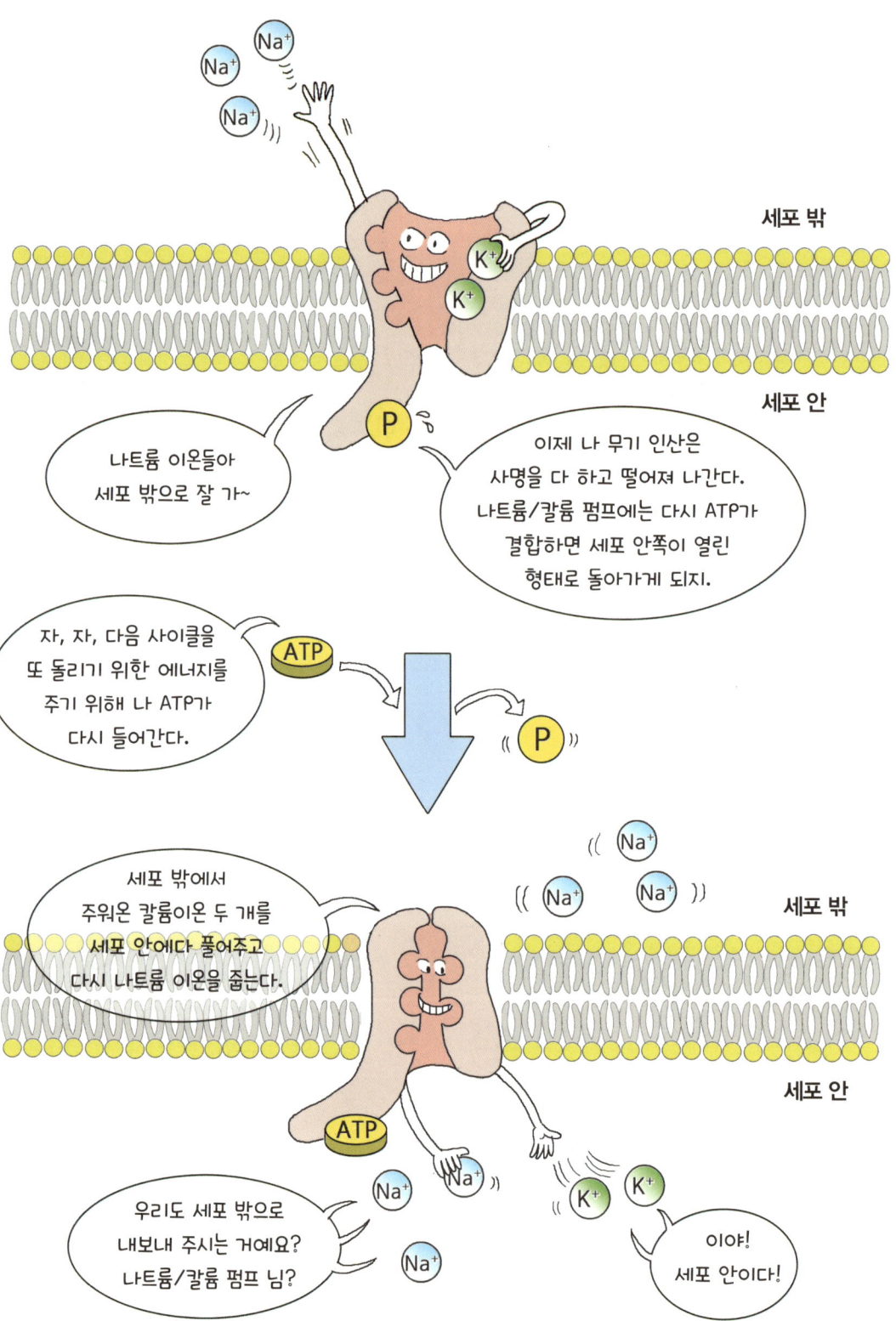

그렇다면 나트륨/칼륨 펌프(Na$^+$/K$^+$-ATPase)가 계속 작동하게 되면 어떤 일이 일어날까?

그렇다. 우리의 세포는 지금도 끊임없이 열심히 일하고 있는 나트륨/칼륨 펌프 덕분에 세포 바깥은 양전하, 세포 안쪽은 음전하를 띠게 된다. 이것을 세포막 안팎의 '전위차'라고 한다.

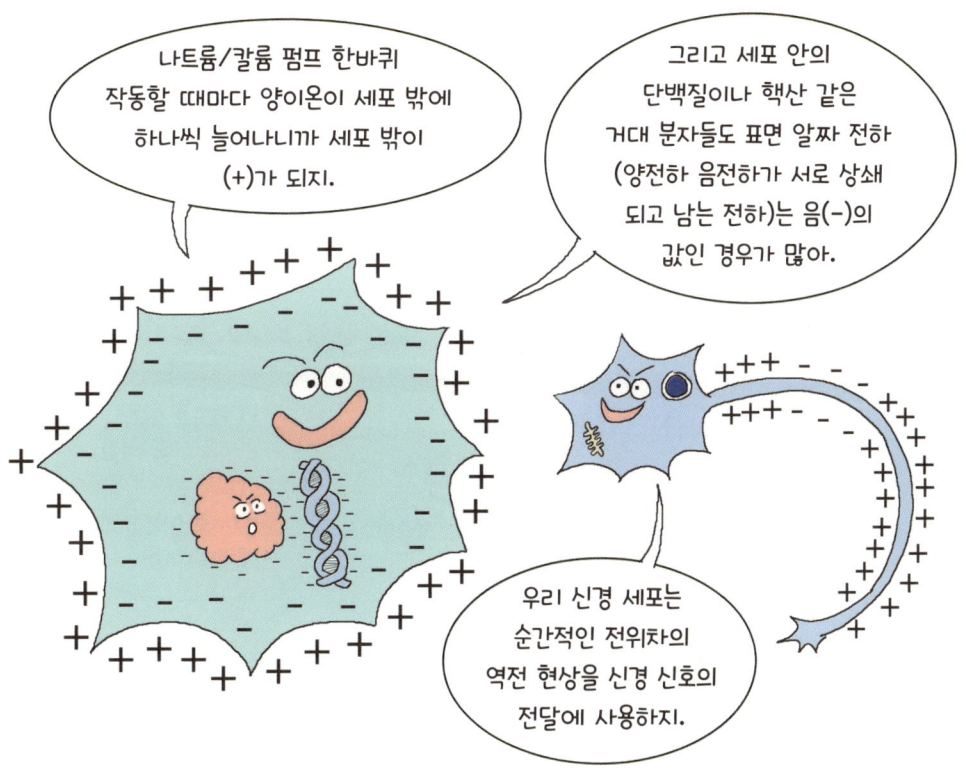

**세포막 안팎의 이온의 농도 차이(전위차)**는 이온이 막 안팎으로 불균등하게 분포하고 있다는 단순한 상황을 뜻하는 것뿐만이 아니고 일종의 퍼텐셜 에너지를 저장해 놓은 상태라고 할 수 있다.

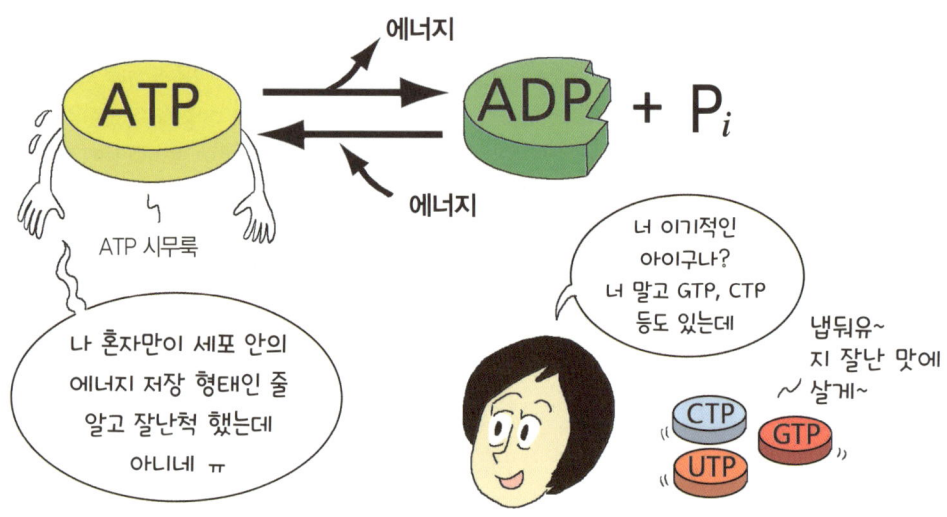

실제로 세포는 '직접 능동 수송'으로 만들어 놓은 이온의 농도 기울기를 '에너지'로 이용하여 세포 안의 필요한 물질들을 '간접 능동 수송'으로 받아들인다.

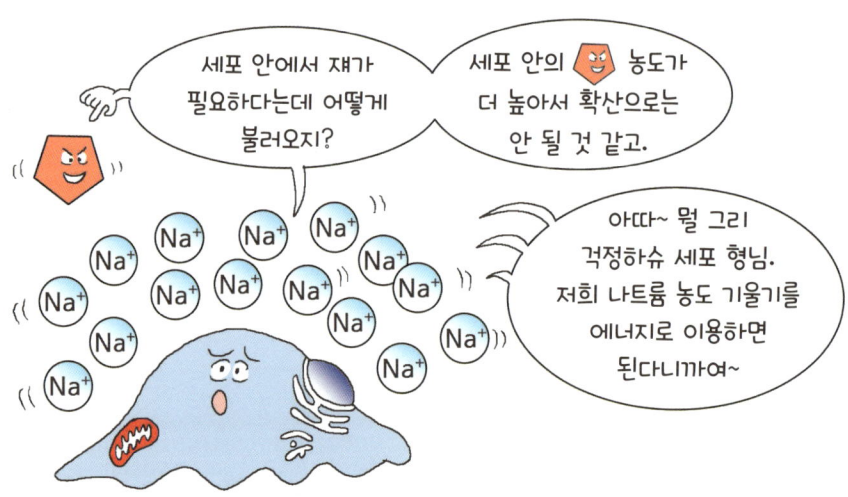

세포 내의 두 가지 에너지 저장 형태인 ATP와 같은 고 에너지 분자와
인지질 이중층 안팎의 이온 농도 기울기는 상호 전환이 가능하다.

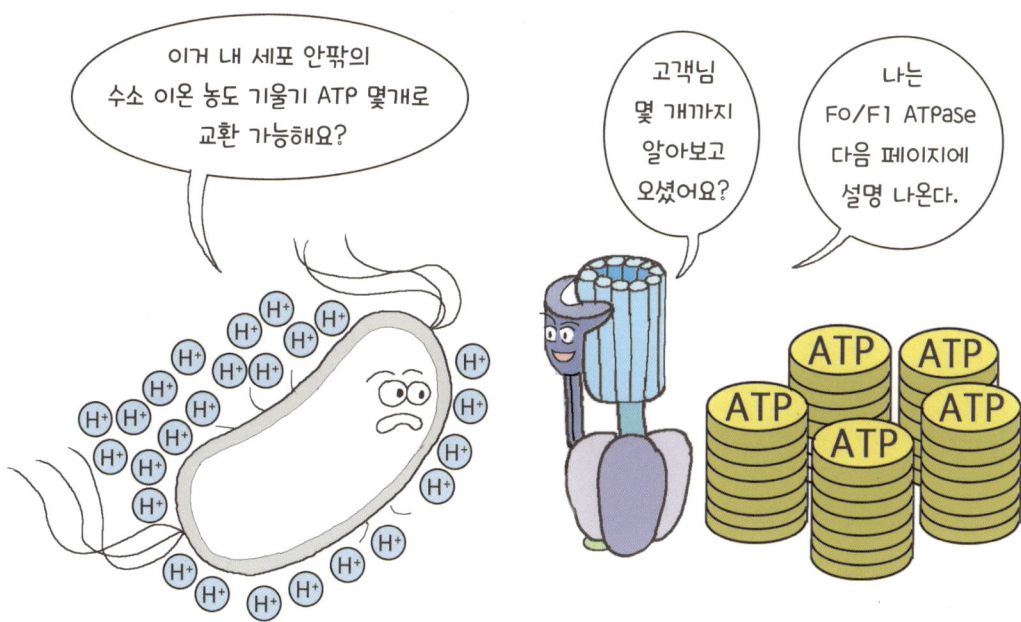

실제로 미토콘드리아에서는 인지질 이중층 안팎의 수소 이온 농도 차이, 즉
수소 이온 농도 기울기가 가지고 있는 위치 에너지를
ATP의 에너지로 전환한다.

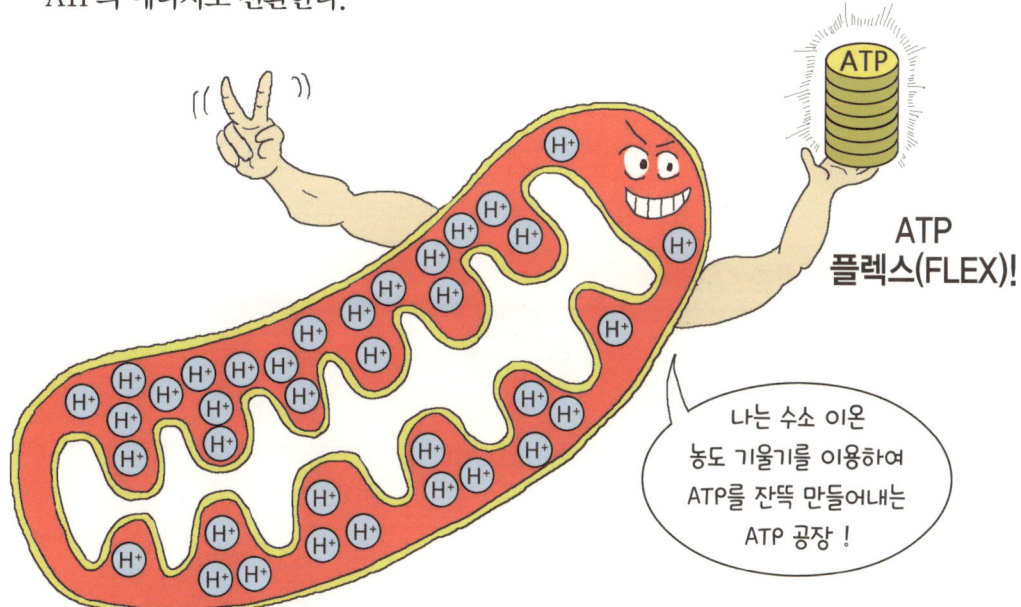

미토콘드리아 내막*에 존재하는 F0/F1 ATPase를 통해
수소 이온이 빠져 나가면서 ATP가 생성된다.

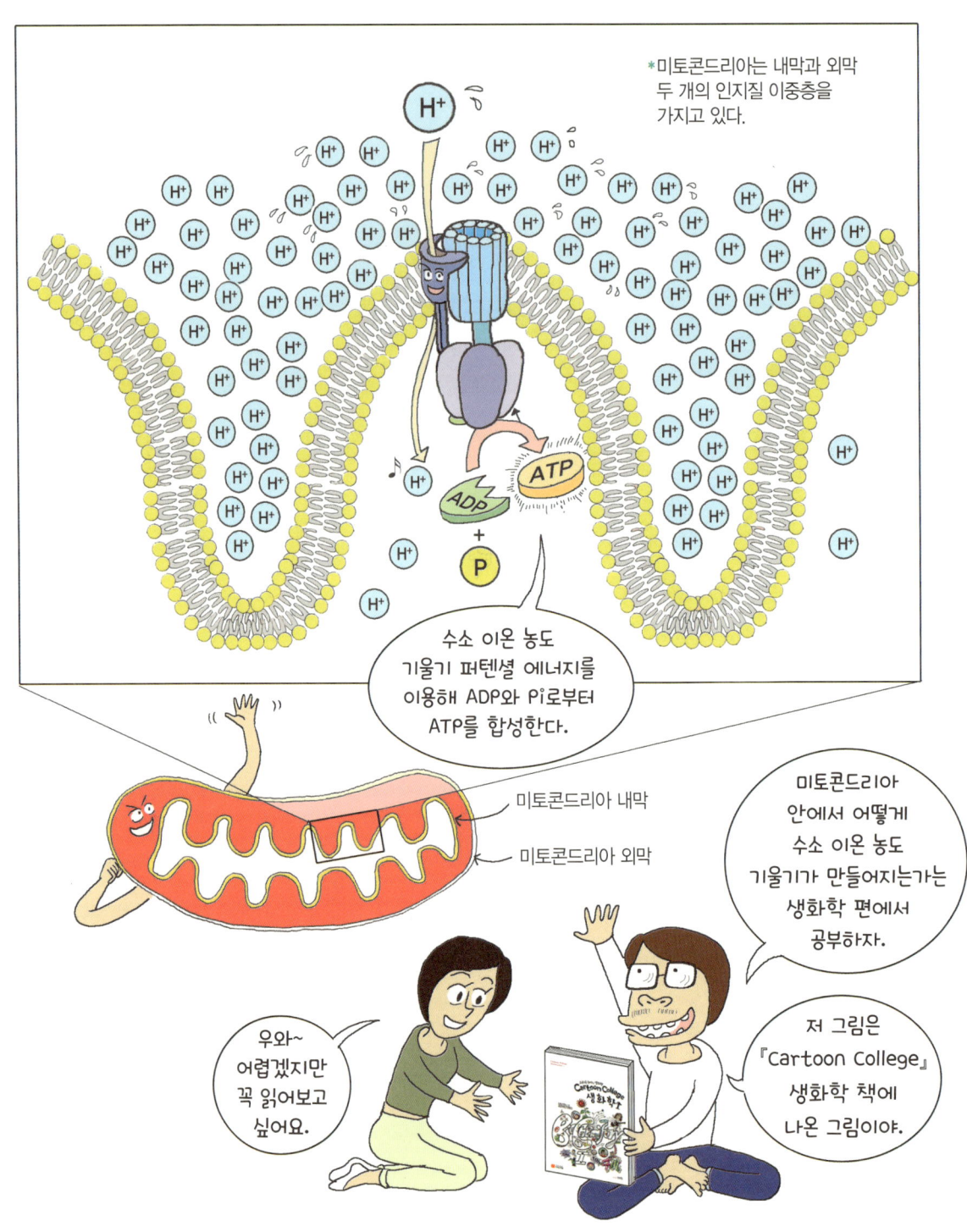

염분 농도가 높은 물에 사는 할로박테리아는 태양의 빛에너지를 이용하여 수소이온 농도 기울기를 만들고 이를 이용하여 ATP를 합성한다.

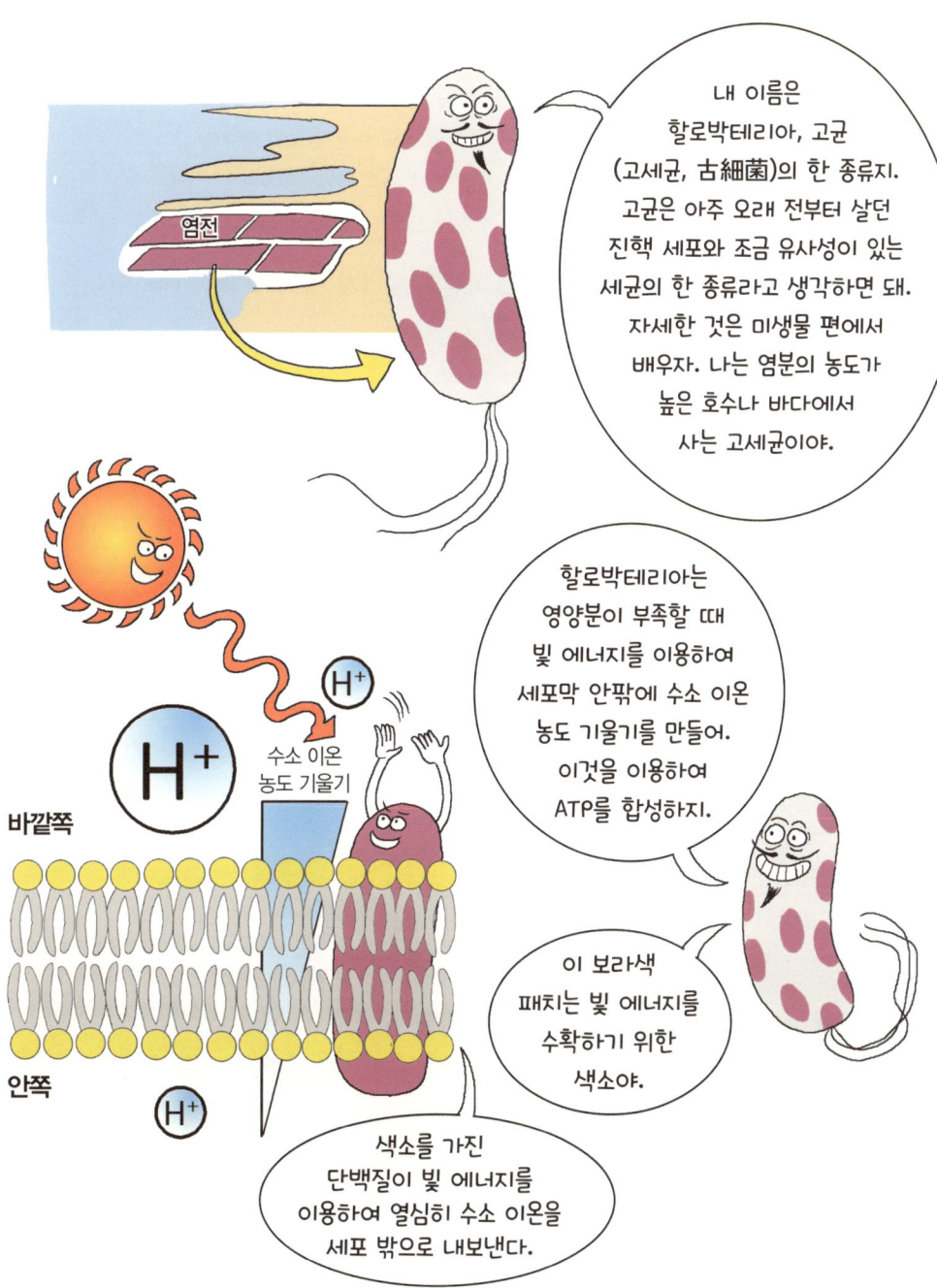

아래에서 볼 수 있듯이 나도 결국 세포막 안팎의 수소 이온 농도 차이에 의한 퍼텐셜 에너지를 ATP의 화학 에너지로 바꾸어서 먹고 산다고. 자! 다시 한번 기억하자. 뭐라고? 세포막 안팎의 이온 농도의 차이는 저장해 놓은 에너지라고.

빛 에너지 → 수소 이온 농도 퍼텐셜 에너지 → ATP 화학 에너지

 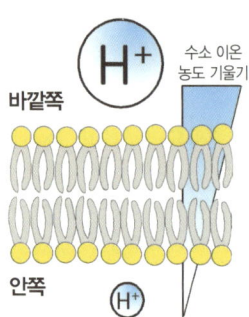 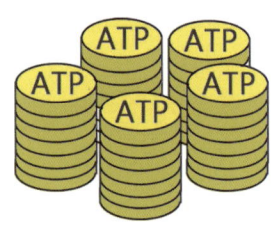

지금까지 세포막을 통한 물질 수송에 대해서 공부했어요. 세포는 지금까지 배운 수송 방법인 확산이나 능동 수송을 통해 세포 안으로 필요한 물질을 받아들이기도 하고 필요 없어진 물질을 세포 밖으로 버리기도 해요.

아! 지금까지는 주로 세포 안으로 들어오는 수송만 공부했는데 세포 밖으로 내보내는 것도 똑같이 확산이나 능동 수송이 사용 되겠군요?

그렇지. 이제 그만 마치고 다음 세포 골격 편으로 진도 나가자.

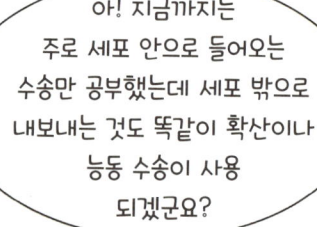  

## 세포막 안팎의 이온 농도 차이가 퍼텐셜 에너지라니?

　우리 세포는 끊임없이 필요하지 않은 물질을 세포 밖으로 배출하고 필요한 물질을 세포 안으로 받아들입니다. 이러한 과정은 마치 잉크 한 방울이 컵 안의 물에 떨어진 후 확산되듯이 세포막 안팎의 물질의 농도 차이에 의해 추가로 사용되는 에너지가 없어도 저절로 일어납니다.

　하지만 농도가 낮은 쪽에서 높은 쪽으로 물질을 이동시킬 때는 에너지가 필요합니다. 우리가 지하에 고여 있는 지하수를 퍼내기 위해 전기에너지를 이용하여 펌프를 구동시켜야 하는 것과 비슷합니다. 이때 사용되는 에너지는 ATP가 가지고 있는 화학에너지가 사용될 수도 있고 세포막 안팎의 물질의 농도 차이, 즉 농도 기울기가 에너지로 쓰일 수도 있습니다. 본문에서 설명드렸듯이 마치 댐 안에 가두어둔 물이 수문을 열면 쏟아져 나와서 터빈을 돌려 수력발전을 하듯이 세포막 안팎에서 서로 다른 농도로 분포하고 있는 물질의 그 불균형한 분포 자체가 에너지로 사용될 수 있는 것입니다.

　이러한 물질의 불균형한 분포를 에너지로 이용하는 아주 좋은 예는 미토콘드리아에서 볼 수 있습니다. 미토콘드리아는 두 겹의 막으로 둘러싸여 있는데 미토콘드리아는 전자전달계라는 과정을 통해 에너지 원으로 사용할 분자로부터 뽑아낸 에너지 준위가 높은 고 에너지 전자의 에너지를 이용하여 두 겹의 막 사이에 수소이온을 잔뜩 이동시킵니다. (너무 어려운 이야기네요. 빨리 『날로 먹는 생화학』 편에서 이 이야기를 쉽게 설명드리고 싶습니다 ^^) 이렇게 되면 미토콘드리아의 안쪽 막과 바깥쪽 막 사이의 공간인 '막간 공간'과 미토콘드리아 내부에 수소이온의 농도 차이가 생기게 되지요. 미토콘드리아는 이 수소이온의 불균형한 분포를 무너뜨리면서 방출되는 에너지를 수문을 통해 쏟아지는 물의 힘을 이용하여 전기를 만드는 수력발전소처럼 이용하여 ATP를 합성합니다. 이러한 과정을 화학 삼투(chemiosmosis)라고 합니다. 원래 삼투현상은 반투성 막 사이로 물 분자가 이동하는 것을 뜻하는데 이 경우에는 물 분자가 아니고 화학물질인 수소이온이 이동하므로 화학 삼투라고 부릅니다. 이렇게 미토콘드리아가 만들어낸 ATP, 아니 수소이온의 불균형한 분포에 기인한 에너지가 만들어낸 ATP를 우리는 지금도 끊임없이 소모하고 있습니다.

화학 삼투 관련 유튜브 링크 'Chemiosmosis(explained)' by devgunda

# 세포 골격과 세포 이동

세포 안에도 뼈가 있다고? 세포 안에서 뼈 역할을 하는
여러 세포 골격에 대하여 알아보고 세포 골격을 이용하여
세포가 움직이는 현상인 세포 이동에 대해서도 공부해 보자.

우리의 몸에 뼈대가 있는 것처럼 세포에도 뼈대가 있다.

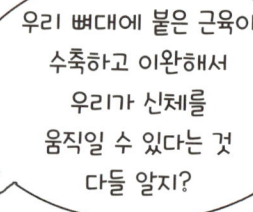
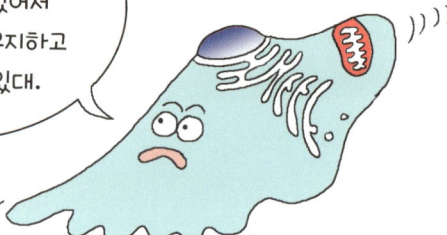

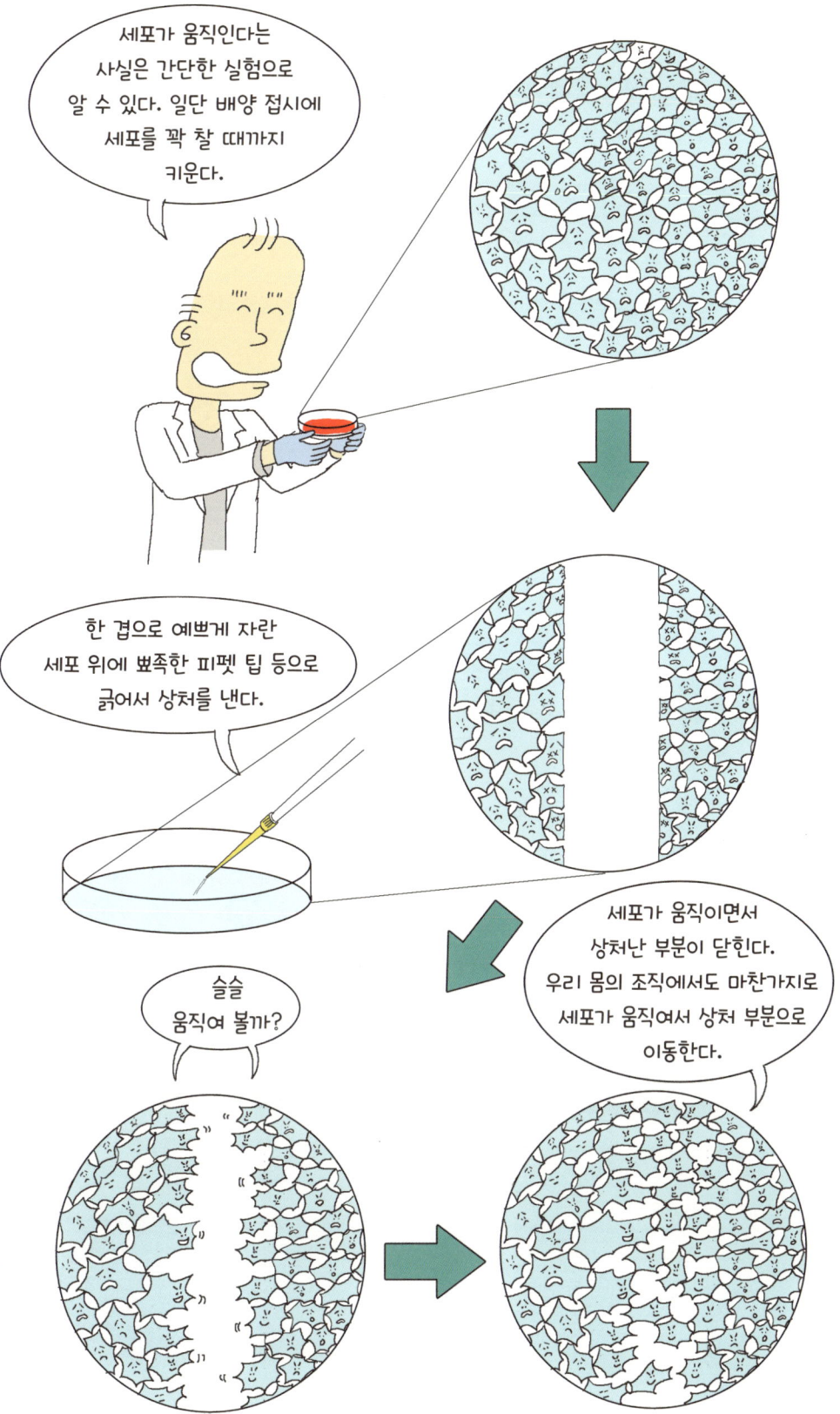

개체의 발생 과정에서도 세포의 이동은 중요하다.
수정란에서 세포분열을 통해 개체로 발생하는 과정에서
세포들은 자신들이 최종적으로 있어야 할 위치로 이동한다.

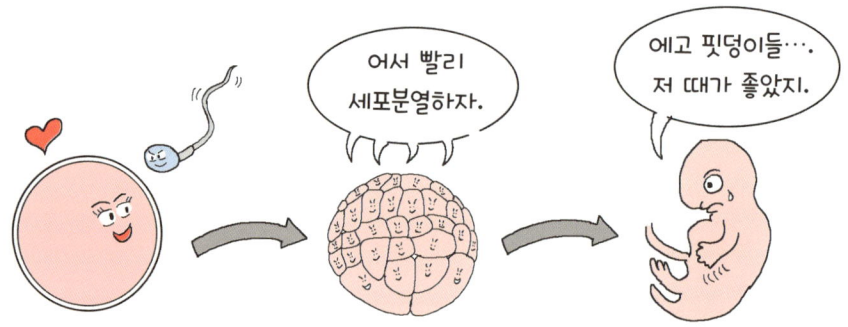

그렇다면 세포는 어떻게 움직일 수 있을까?
세포도 발이 있을까?

맞다. 세포도 발을 가지고 있다.

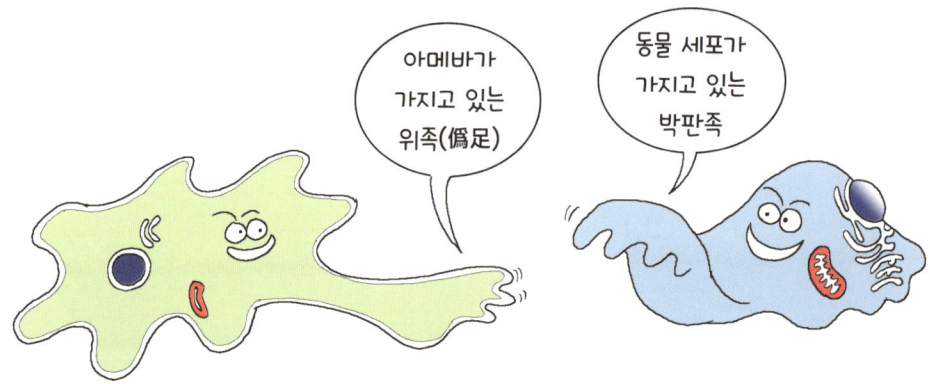

세포가 세포질을 주욱 뻗어 발을 내밀려면 발 안에 뼈가 있어야 한다.

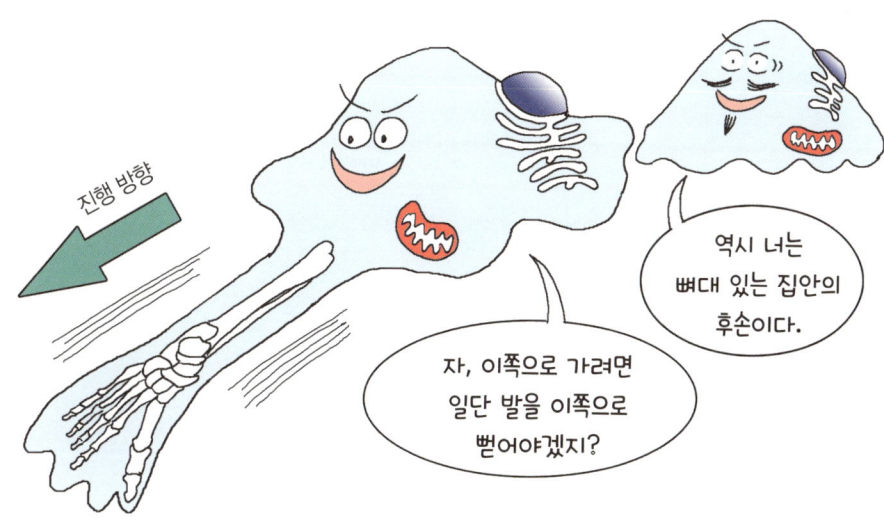

세포 안의 뼈, 즉 세포 골격은 우리의 뼈와 같은 성분이 아니라 단백질로 만들어져 있다.

단백질로 이루어져 있는 세포 골격은 크게 세 종류로 나눌 수 있다.

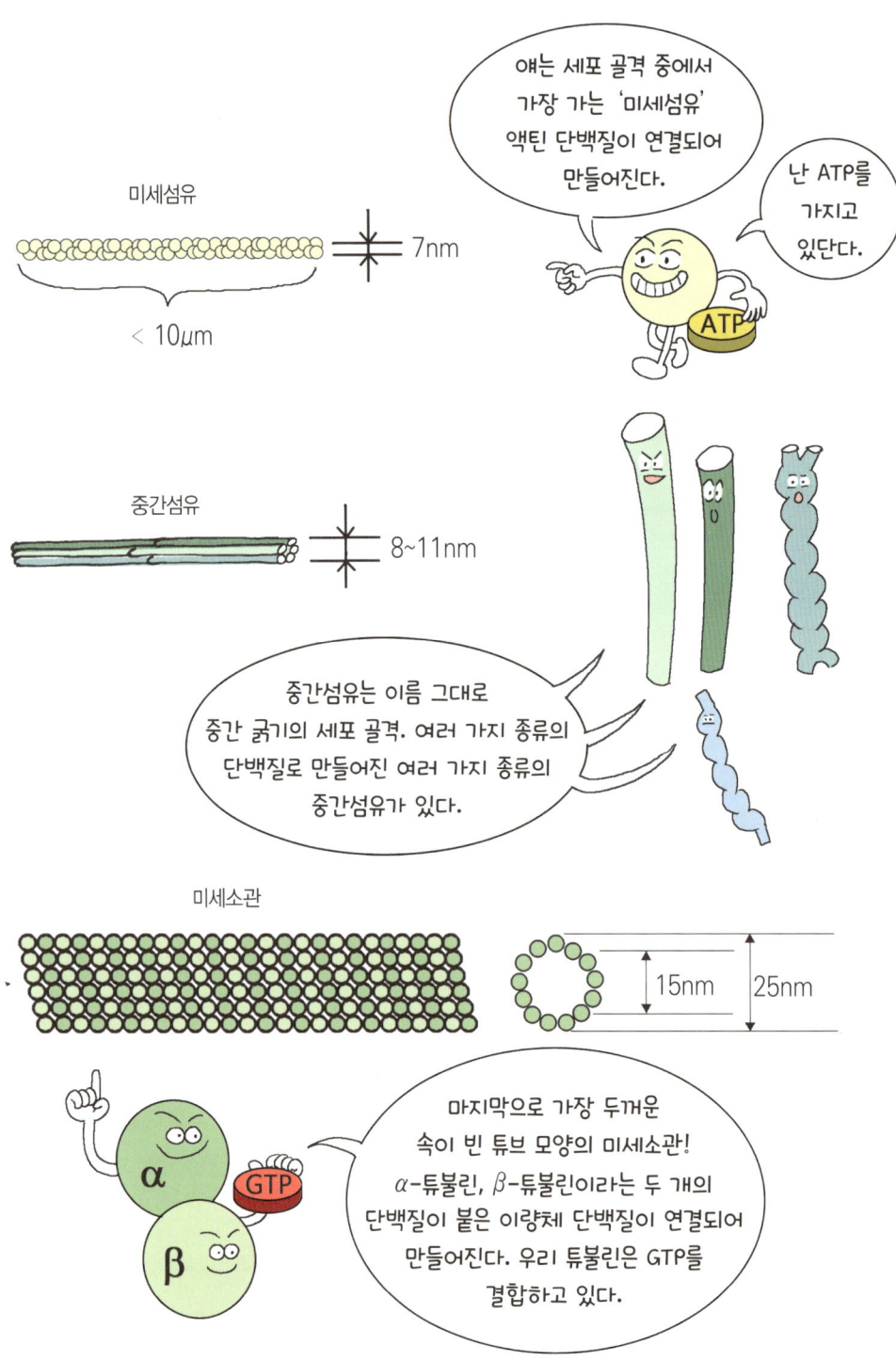

가장 가는 미세섬유는 구형 단백질인 액틴이 연결되어 만들어진다.

ATP는 시간이 지나면 ADP로 분해되기 때문에
미세섬유는 끊임없이 세포 내에서 분해되고 다시 조립되어
길이가 계속 줄었다 늘었다 한다.

액틴의 중합 형태는 여러 가지가 있는데 세포의 운동을 위해서 필요한
박판족은 가지친 미세섬유로 되어 있다.

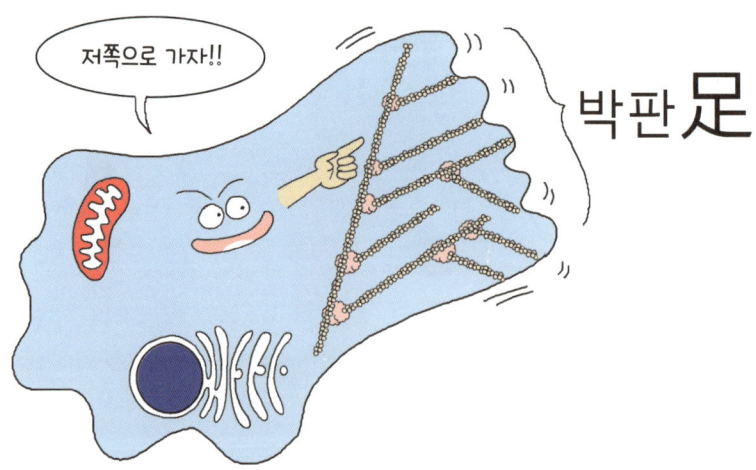

박판족은 세포의 앞부분이 앞으로 뻗어나가는 데 쓰이고 또 다른 액틴이 중합한 미세섬유의 세포 내 형태인 '버팀섬유'가 세포의 뒷부분을 끌어당기는 데 사용된다.

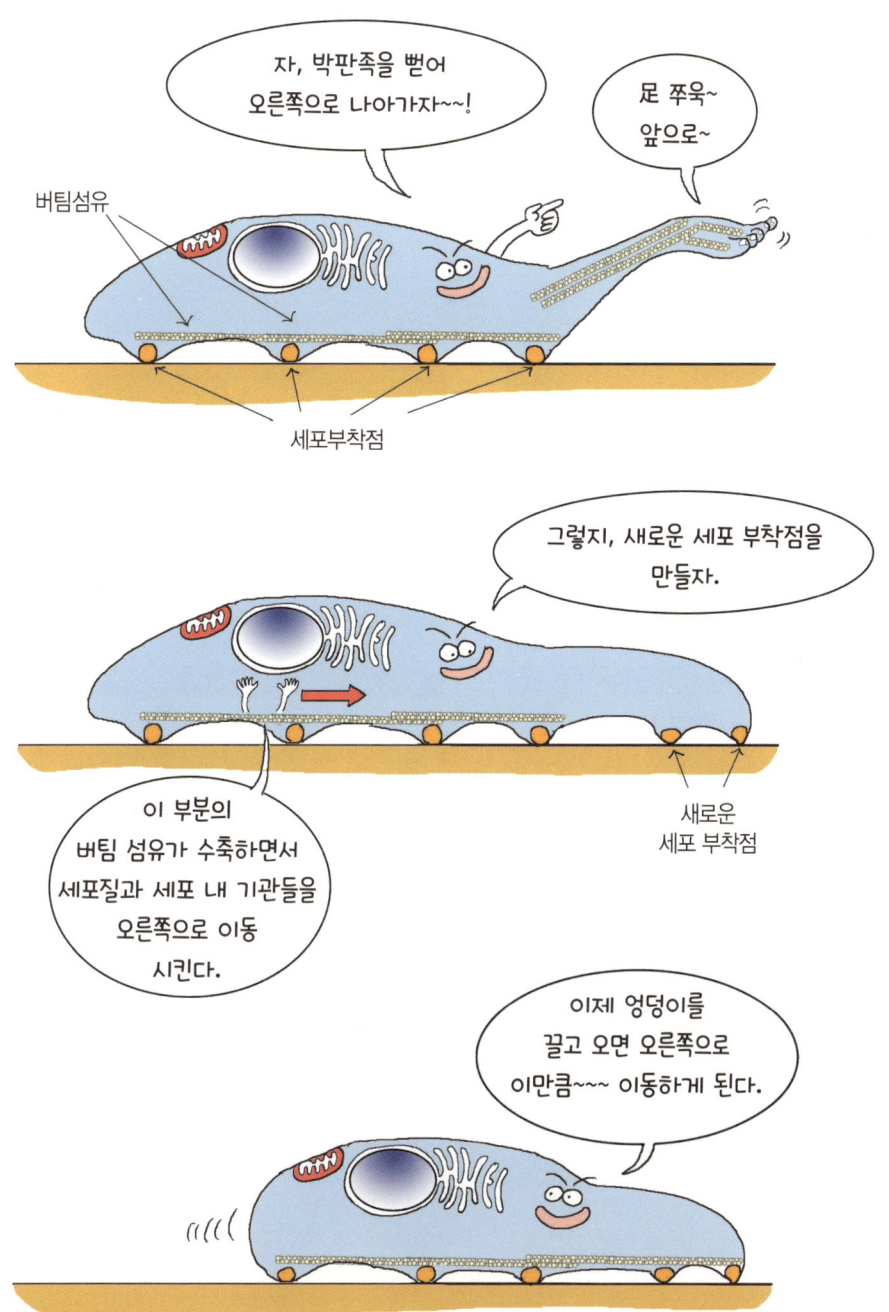

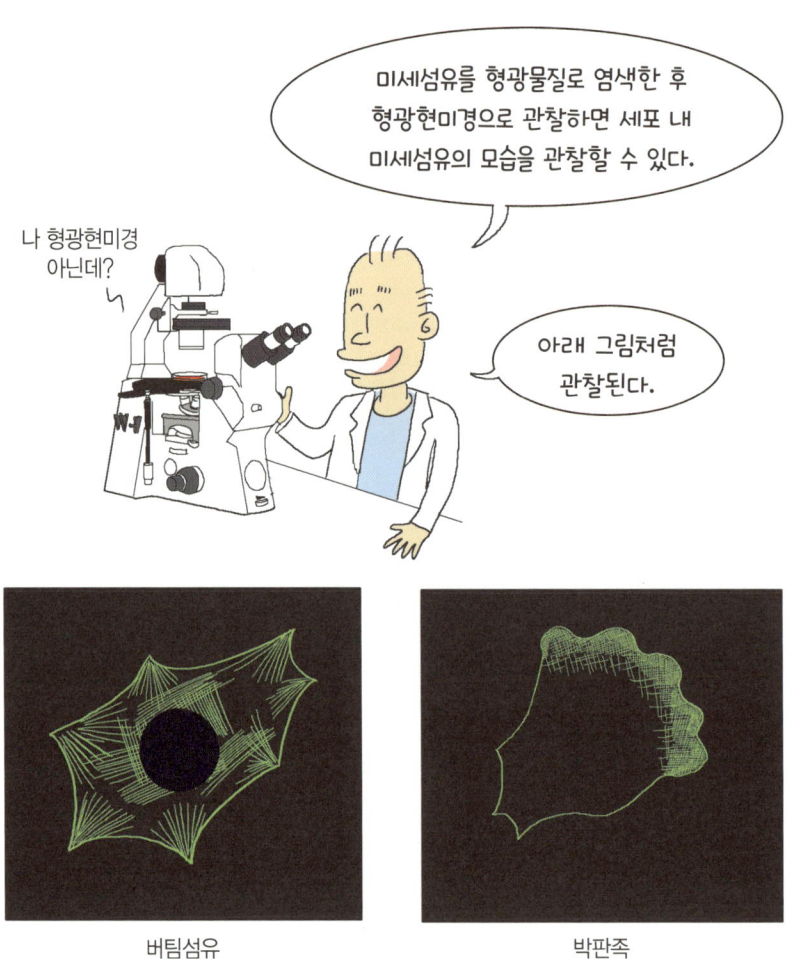

버팀섬유 　　　　　　　　 박판족

버팀섬유를 이루는 미세섬유는 세포부착점을 통해 세포외기질과 연결되어 있다.

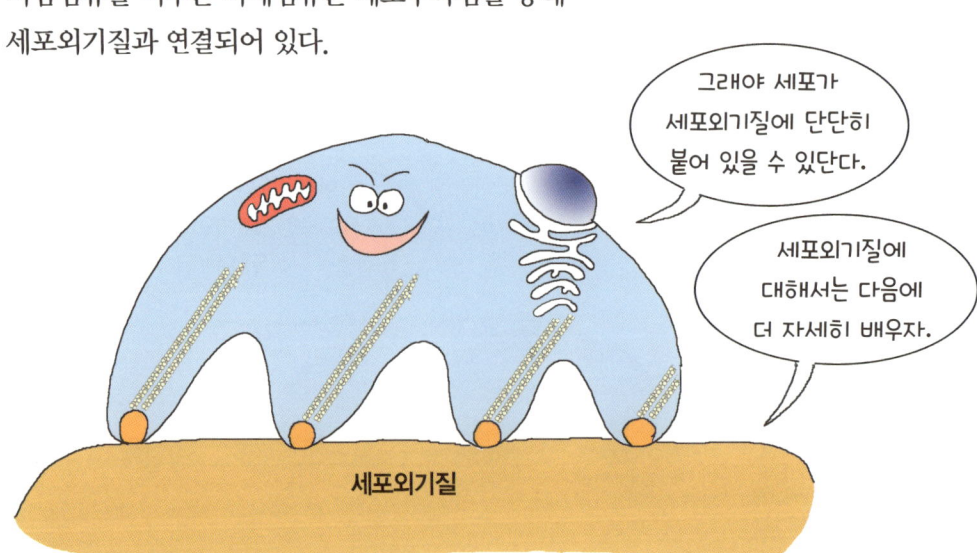

굵기가 중간인 중간섬유는 여러 가지 종류의 단백질로 이루어져 있다.

가장 두꺼운 세포 골격인 미세소관은 속이 빈 튜브 형태로 튜불린 이량체가 모여서 만들어진다.

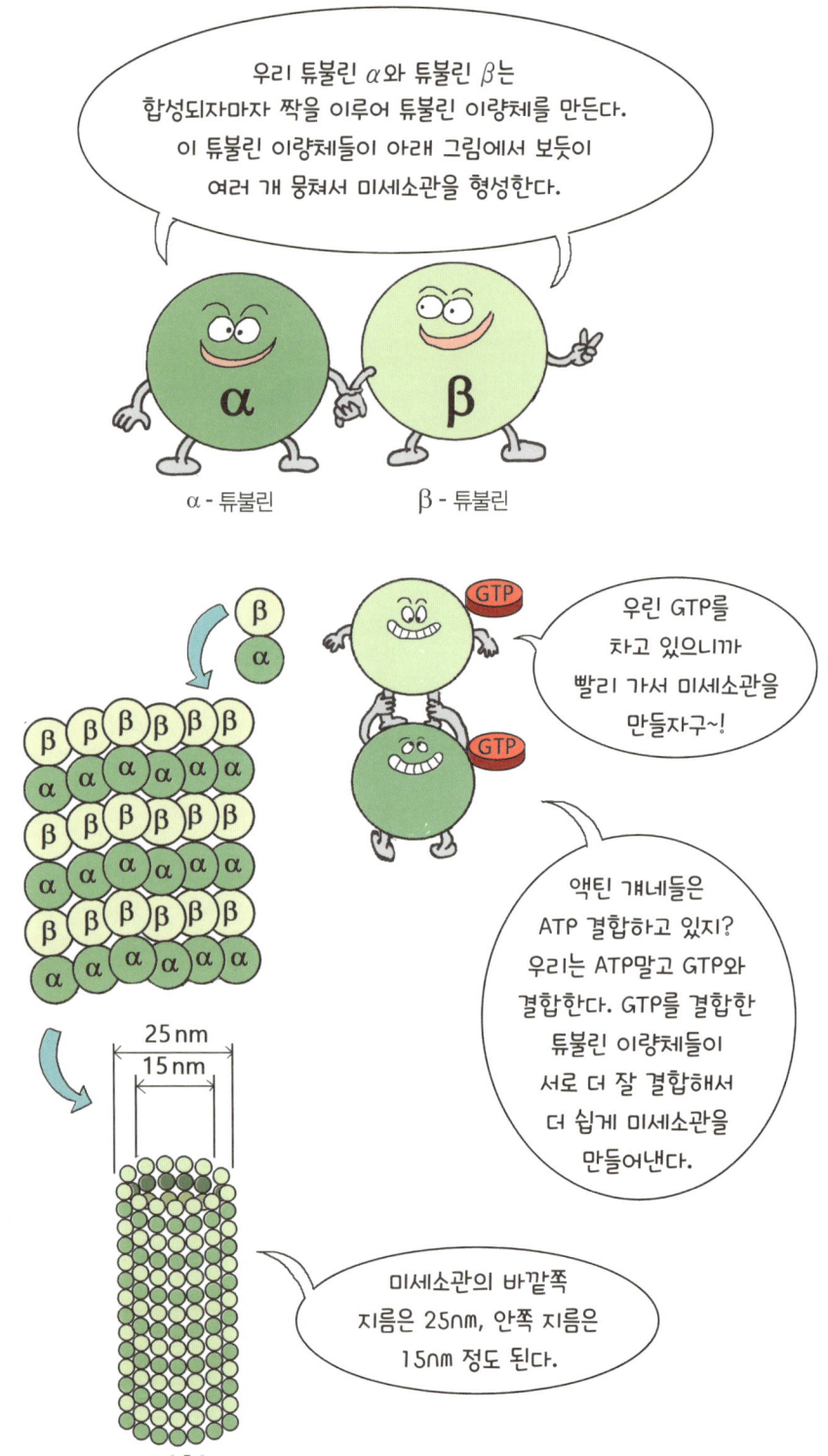

미세소관도 미세섬유처럼 (+ 말단)과 (− 말단)의 성질이 다르다.

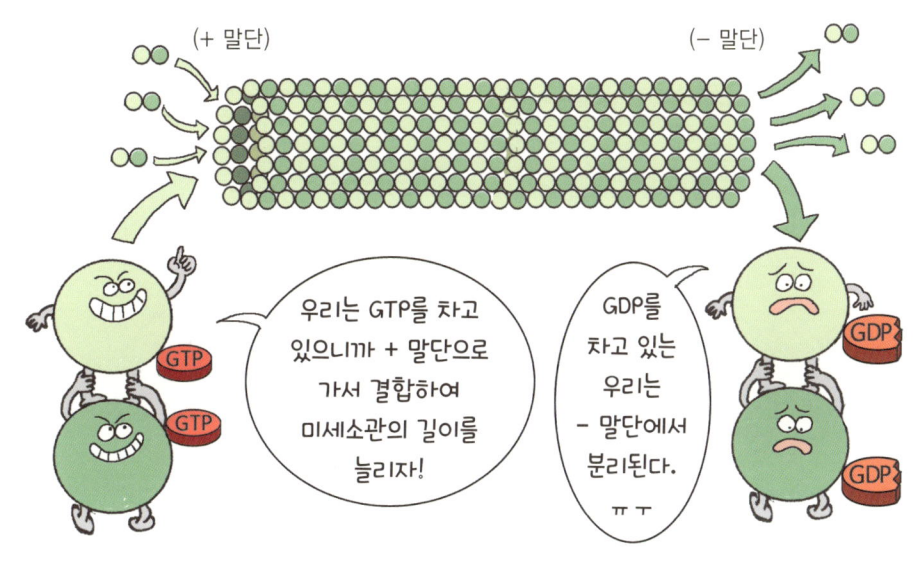

미세소관의 조립 속도는 튜불린 이량체의 농도와 비례한다.

튜불린 이량체의 임계농도보다 높은 농도에서는 미세소관의 합성이 일어나 미세소관의 길이가 늘어나고 임계농도보다 낮은 농도에서는 미세소관의 분해가 일어나 미세소관의 길이가 줄어든다.

**1** 튜불린 이량체의 농도 > 임계농도

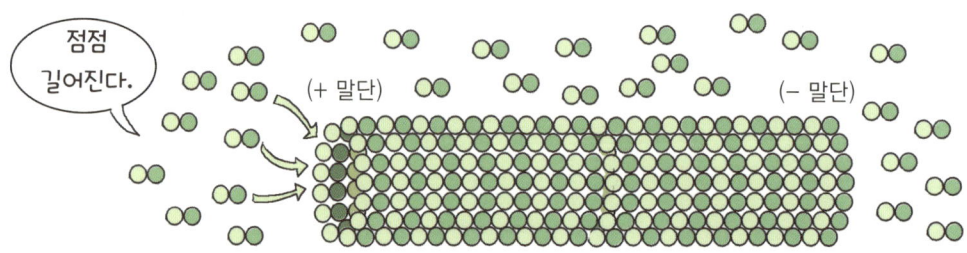

**2** 튜불린 이량체의 농도 < 임계농도

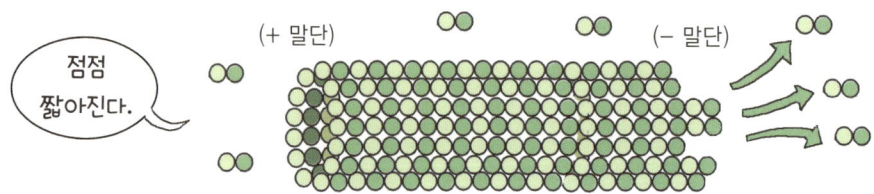

그렇다면 이제 임계농도를 정의해 보자.

+ 말단과 – 말단은 임계농도가 서로 다르다.
+ 말단의 임계농도가 –말단의 임계농도보다 낮다.

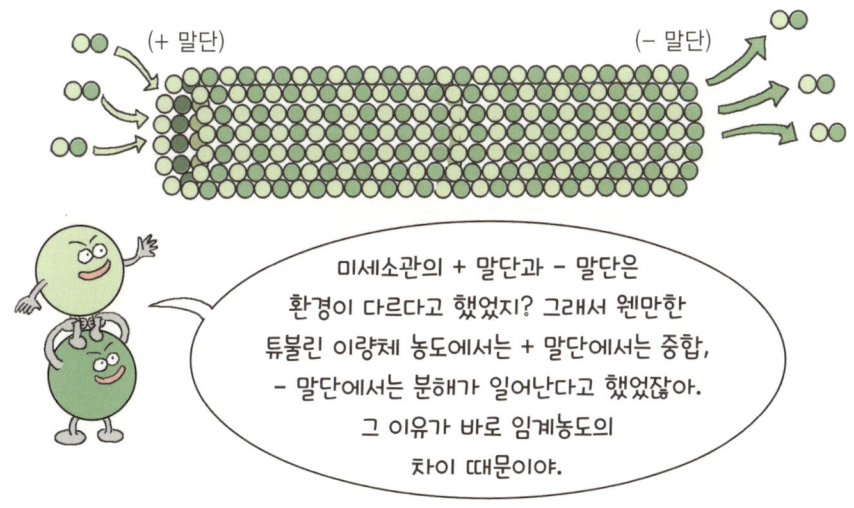

튜불린 이량체의 농도가 + 말단의 임계농도보다 높고
− 말단의 임계농도보다 낮으면 어떻게 될까?

미세소관은 세포질 안에서 세포의 모양을 이루도록 하는 주된 세포 골격이다.

미세소관은 세포분열 시에 염색체를 이동시키는 방추사의 구성 성분이다.

**방추사를 구성하는 미세소관은 중심체에서부터 뻗어나가면서 만들어진다.**

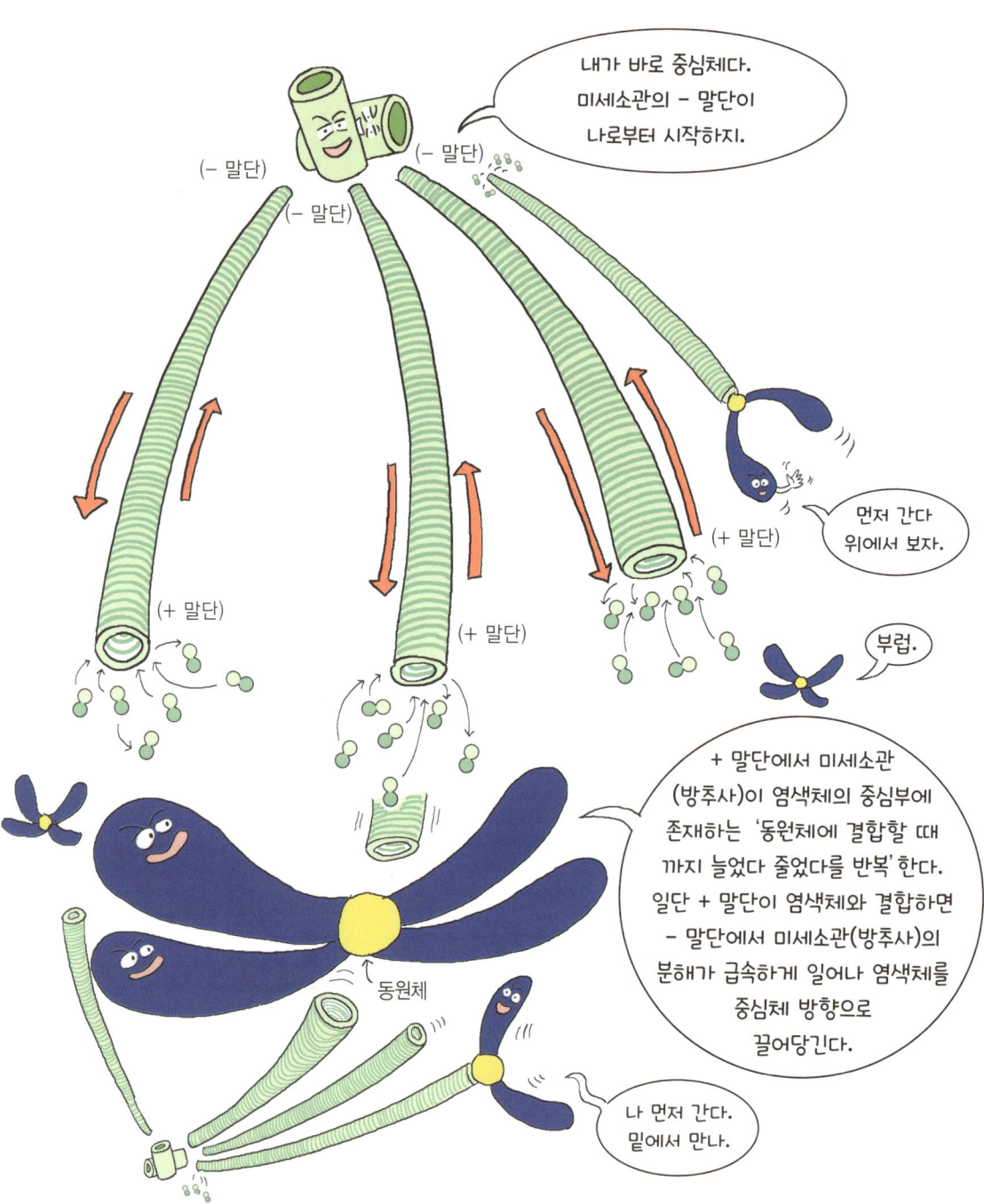

미세소관의 또 다른 기능은 세포 내의 고속도로 역할이다.

미세소관 고속도로 위에 수송 소포(작은 주머니) 안에 수송할 물질을 담고 ATP의 에너지를 이용하여 움직여서 물질을 수송한다.

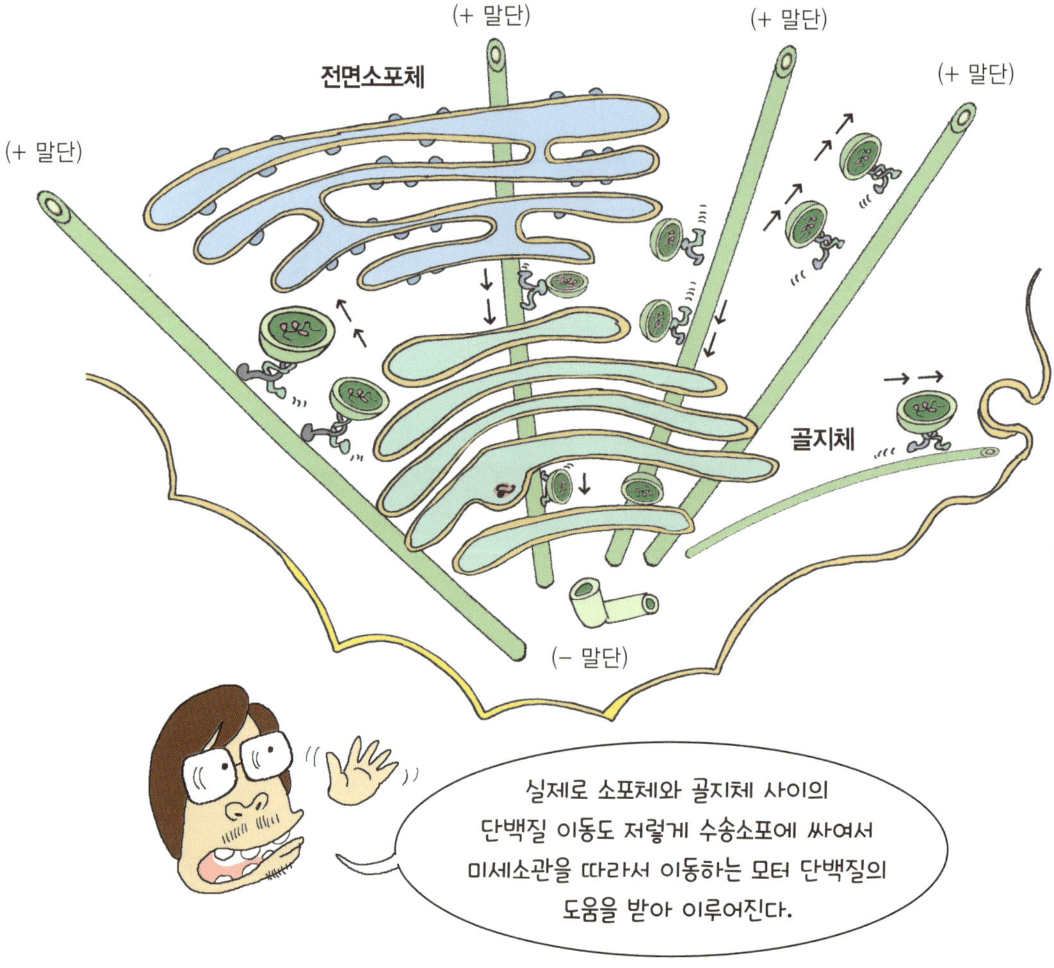

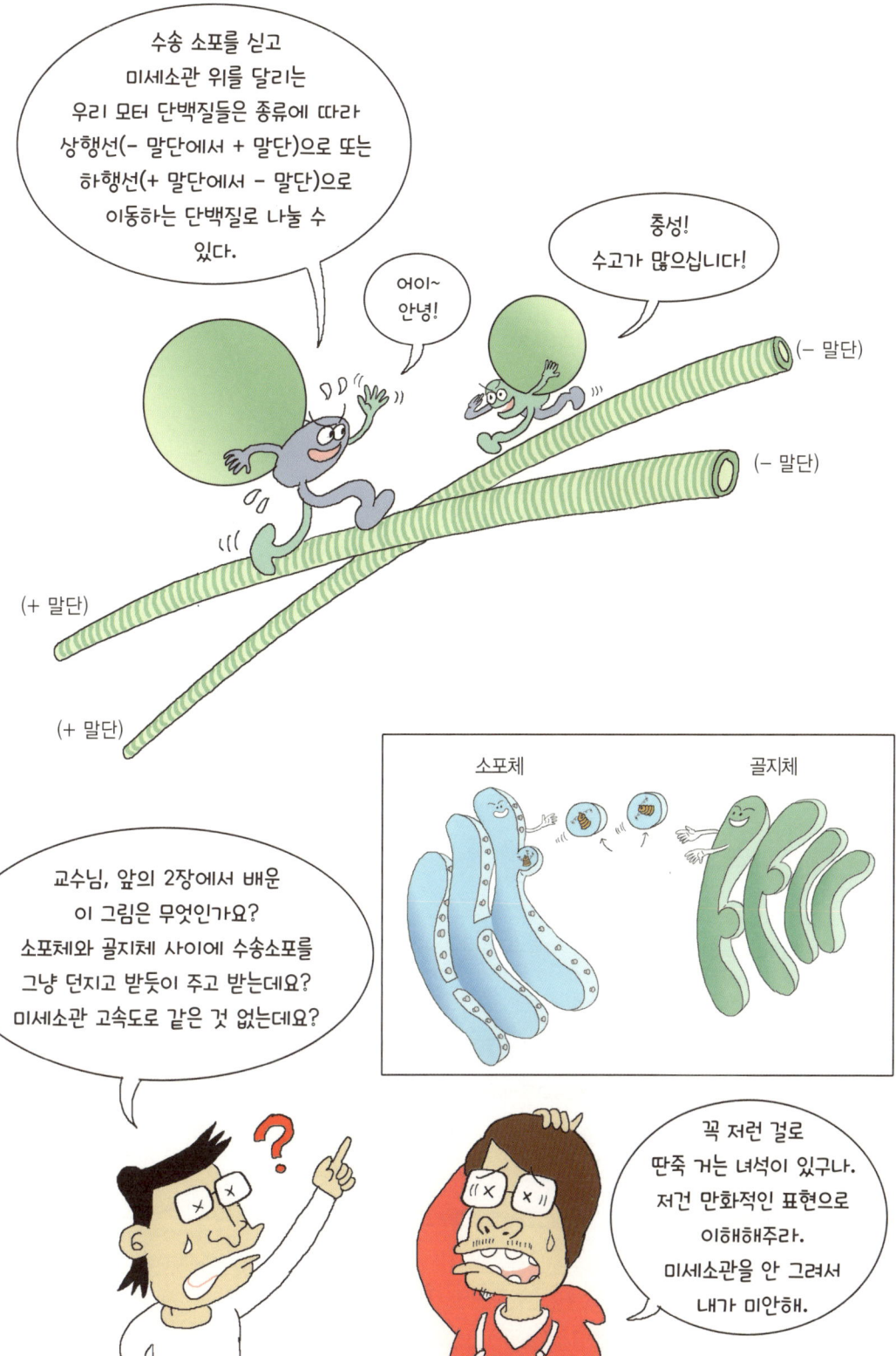

 **더 알아보기** ## 세포도 뼈대가 있어야 움직인다고?

우리가 팔다리를 움직여 이동할 수 있는 이유는 뼈와 근육 때문이지요. 근육만 있어도 움직이지 못할 것이고 뼈만 있어도 당연히 우리는 움직일 수 없을 것입니다. 요즘 영화에 많이 등장하는 좀비들은 뼈만 남아서 어떻게 걸어 다닐 수 있는지 잘 이해가 되지 않습니다. 세포도 우리들처럼 이곳저곳으로 이동할 필요가 있습니다. 물론 우리와 같이 다 자란 개체의 세포들은 그다지 멀리 움직일 일이 많지 않습니다. 하지만 너무 오래전의 일이라 까맣게 잊고 있던 우리가 아주 어렸던 시절, 어머니의 난자와 아버지의 정자가 만나서 생긴 수정란부터 태어나기 직전까지는 우리 몸 안의 세포가 아주 활발하게 움직였습니다. 이쪽에서 저쪽으로 움직여서 새로운 기관도 생성하고 새로운 팔 다리도 만들어야 했을 테니까요. 물론 성체가 되어서도 세포의 이동이 필요할 때도 있습니다. 외상을 입어 상처가 생겼을 경우 그 상처를 메꾸기 위해 세포들이 이동하여 새 살을 만들어내지요.

이렇게 생명활동에 필수적인 세포의 이동을 가능하게 하는 것은 단백질로 이루어진 세포 골격입니다. 세포 골격이 개체의 뼈와 같은 역할을 하여 세포의 이동을 가능하게 하는 것이지요. 하지만 뼈와 세포 골격은 그 작동 원리가 근본적으로 다릅니다. 우리는 관절로 연결된 뼈에 붙은 근육을 이완하거나 수축하여 팔다리를 움직여 이동하지만 세포 골격은 끊임없는 합성과 분해를 통해 세포의 움직임을 매개합니다. 접었던 팔을 쭉 펴기 위해서는 삼두박근을 수축시키고 이두박근을 이완시켜 뼈를 움직이지만, 세포 골격의 경우는 관절로 연결된 뼈들의 상대적인 위치 이동이 아닌 새로운 세포 골격의 합성과 분해를 통해 위치를 이동하게 되는 것이지요. 쉽게 말하면 이쪽에서 저쪽으로 이동하기 위해 세포는 이쪽의 세포 골격을 분해하고 저쪽에서 세포 골격을 새로 합성한다는 것입니다. 이런 현상을 세포 골격의 동적 불안정성(dynamic instability)이라고 합니다. 세포 골격이 우리의 뼈처럼 단단한 불변의 존재라면 필수적인 생명현상인 세포 분열, 세포 이동 등이 가능하지 않을 것입니다.

 세포 골격 관련 유튜브 링크 'Cell orgenelles 2 cytoskeleton' by WEHImovies

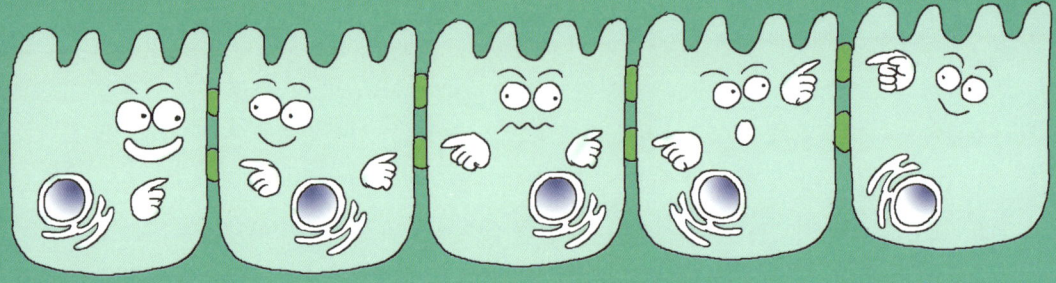

# 제5장

# 세포 연접과 세포 부착

우리가 혼자서 살아가기 힘든 것처럼 세포들도 혼자 떨어져 있다면
생존하기 힘들어 세포들끼리 '세포 연접'을 통해 서로 붙어 있다.
세포 부착은 무엇일까? 우리 인간들도 밤에는 침대에 등을 붙이고 잠을 자듯이
세포도 세포외기질에 기대어 붙어야 살아나갈 수 있다고 하던데?

세포도 사람처럼 혼자서는 살기 힘들다.

물론 세포도 사람도 예외는 있다. 혼자서도 잘 살아가는 세포도 있다.
물론 그런 세포들은 금방 분열해서 세포군을 형성한다.

배양세포도 반려동물이기 때문에 때 되면 밥을 줘야 한다.

아니, 그런데 대학원에서 세포 배양을 연구하면 세포 때문에 연휴에도 연구실에 출근해야 해요?

맞아. 네 밥은 굶어도 세포 밥은 굶기면 안 돼. 그리고 오래 방치하면 배양 접시가 꽉 차니까 제때 떼어서 새 배양 접시에 희석해서 다시 심어줘야지.

우리는 세포의 노예란다.

앞의 여학생 경우가 연휴 때 출근 안 하려고 세포 계대배양* 할 때 너무 세포를 많이 희석해서 배양접시 위의 세포 개수가 적어서 세포가 잘 안 자라는 거잖아.

나는 그래서 세포든 생쥐든 키우는 건 싫어. 내 스케줄대로 못하고 매달려야 하니까…. 그래서 나는 생물정보학(바이오인포매틱스)을 전공으로 선택했지. 내가 일하고 싶을 때 일하고. 쉬고 싶을 때는 그냥 코딩한 거 저장하고 컴퓨터 끄면 되니까. ㅋㅋ

그래도 누군가는 실험실에서 손에 물 묻히며 일해야 생물정보사가 일할 거리가 생기겠지?

---

* 계대배양: 배양 접시에 키우는 세포가 접시 안에 꽉 차기 전에 세포를 떼어내어 일부는 버리고 남은 세포를 희석하여 새 배양 접시에 심는(세포가 붙어 자라도록 넣는) 행위.

혼자서 살기 힘든 세포는 기댈 곳을 찾거나 옆의 다른 세포에 의지한다.

옆의 다른 세포와 서로 결합하는 것을 '세포 연접'이라고 하고
세포 바깥의 세포외기질과 결합하는 것을 '세포 부착'이라고 부른다.

세포 연접은 그 기능에 따라 세 가지로 나눌 수 있다.

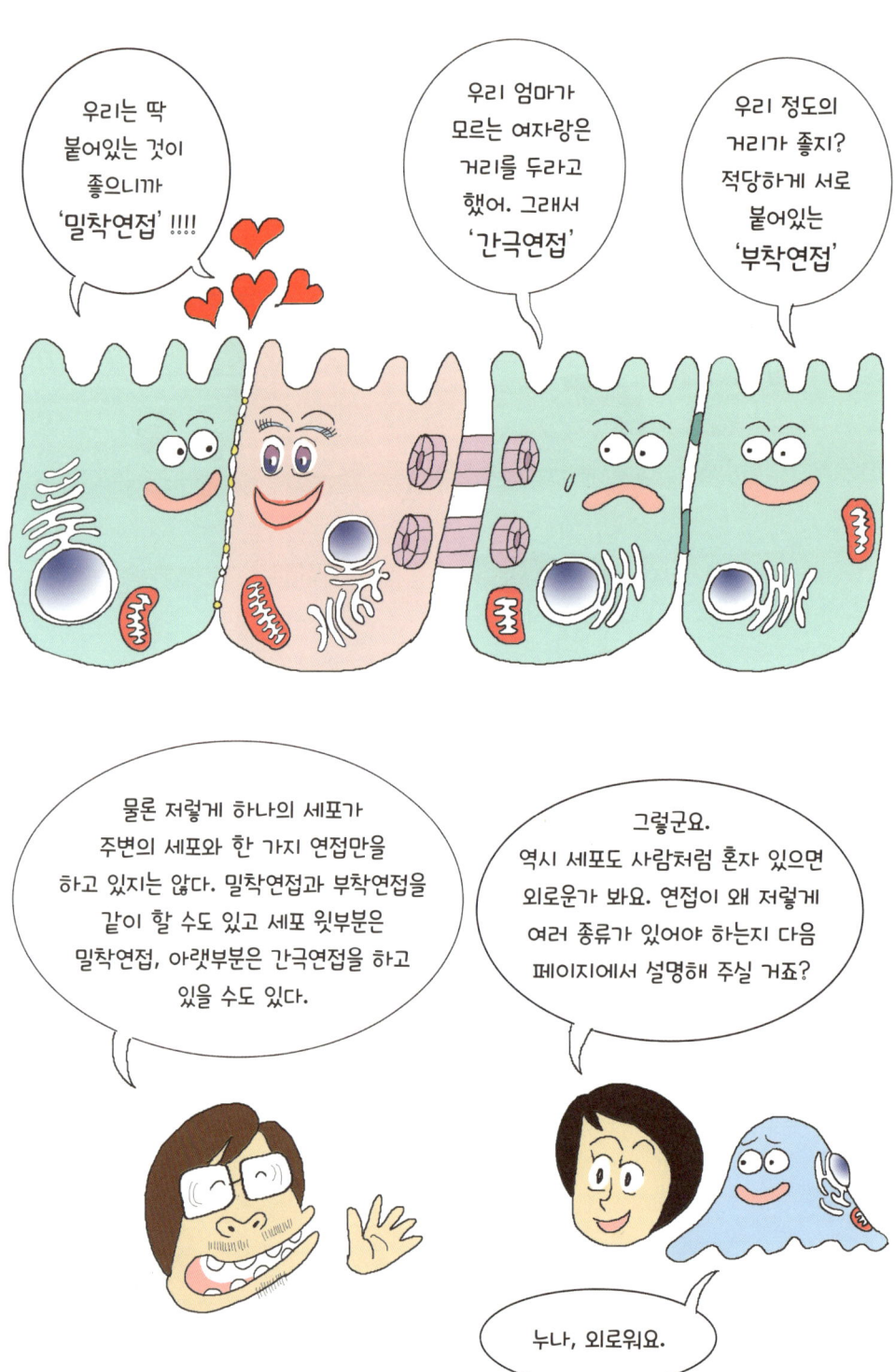

밀착연접은 이웃한 세포를 빈틈없이 밀착하여 다른 물질들이 통과하지 못하도록 하는 세포 사이의 연접이다.

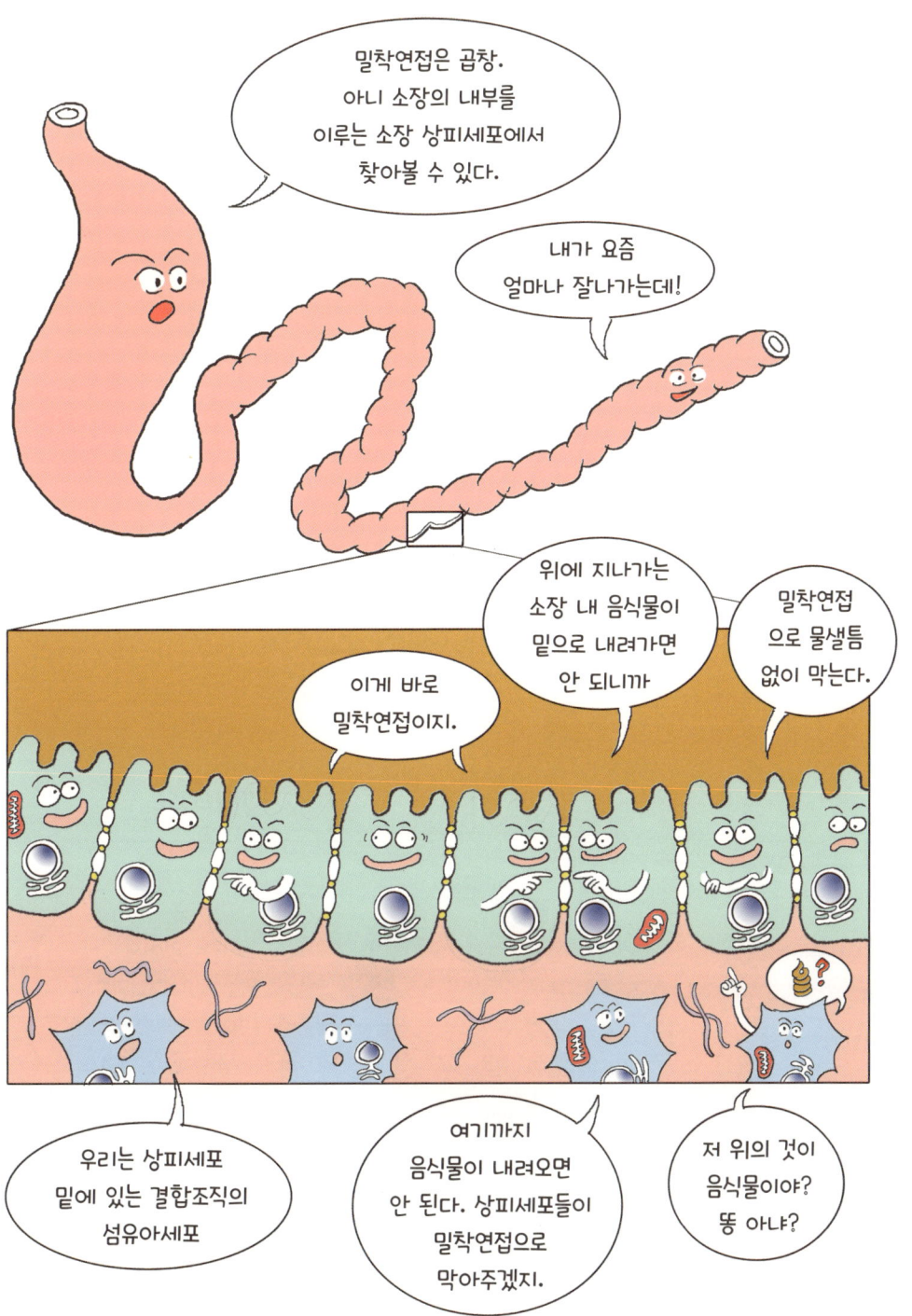

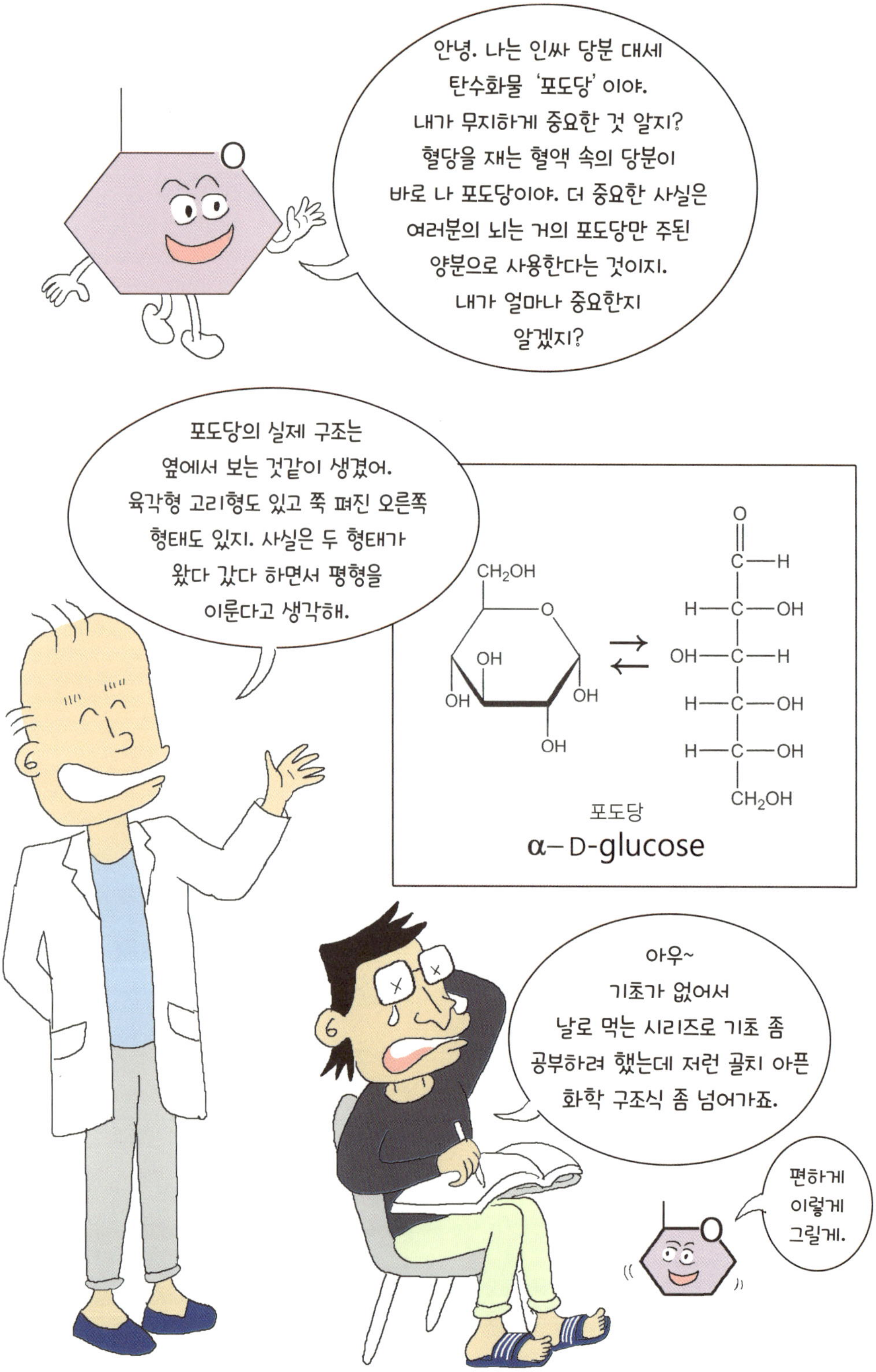

소장 상피세포에는 두 종류의 포도당 수송 단백질이 존재하고 그 둘은 밀착연접에 의해 서로 분리되어 있다.

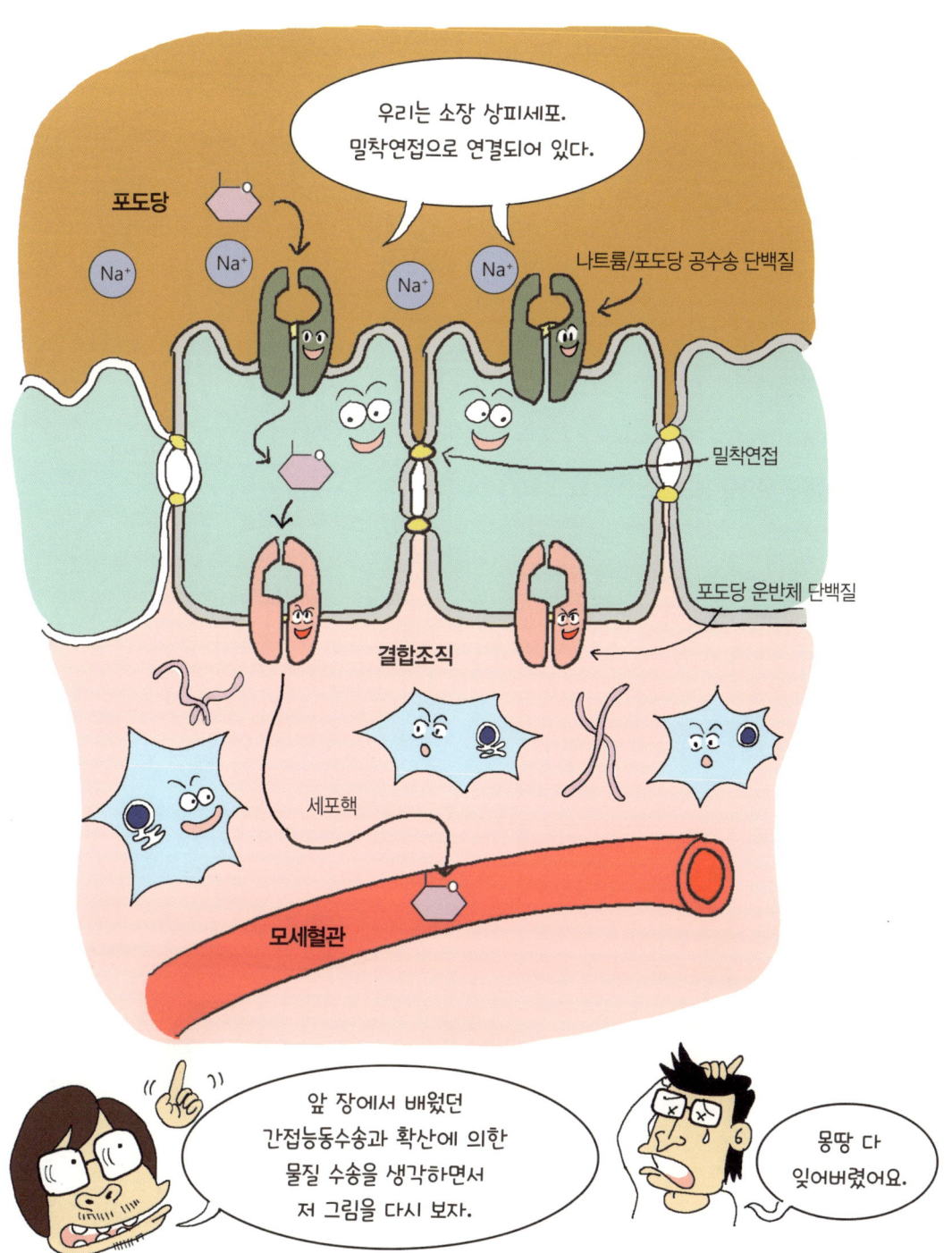

밀착연접 윗부분에서는 소장 내부에서 소장 상피세포 안으로
'나트륨 포도당 공수송 단백질'에 의한 포도당의 '간접 능동 수송'이 일어나고
소장 상피세포에서 결합조직 → 모세혈관으로 향한 포도당 수송은
밀착연접 아랫부분에 존재하는 '포도당 운반체 단백질'에 의한
포도당의 '촉진 확산'을 통해 수행된다.

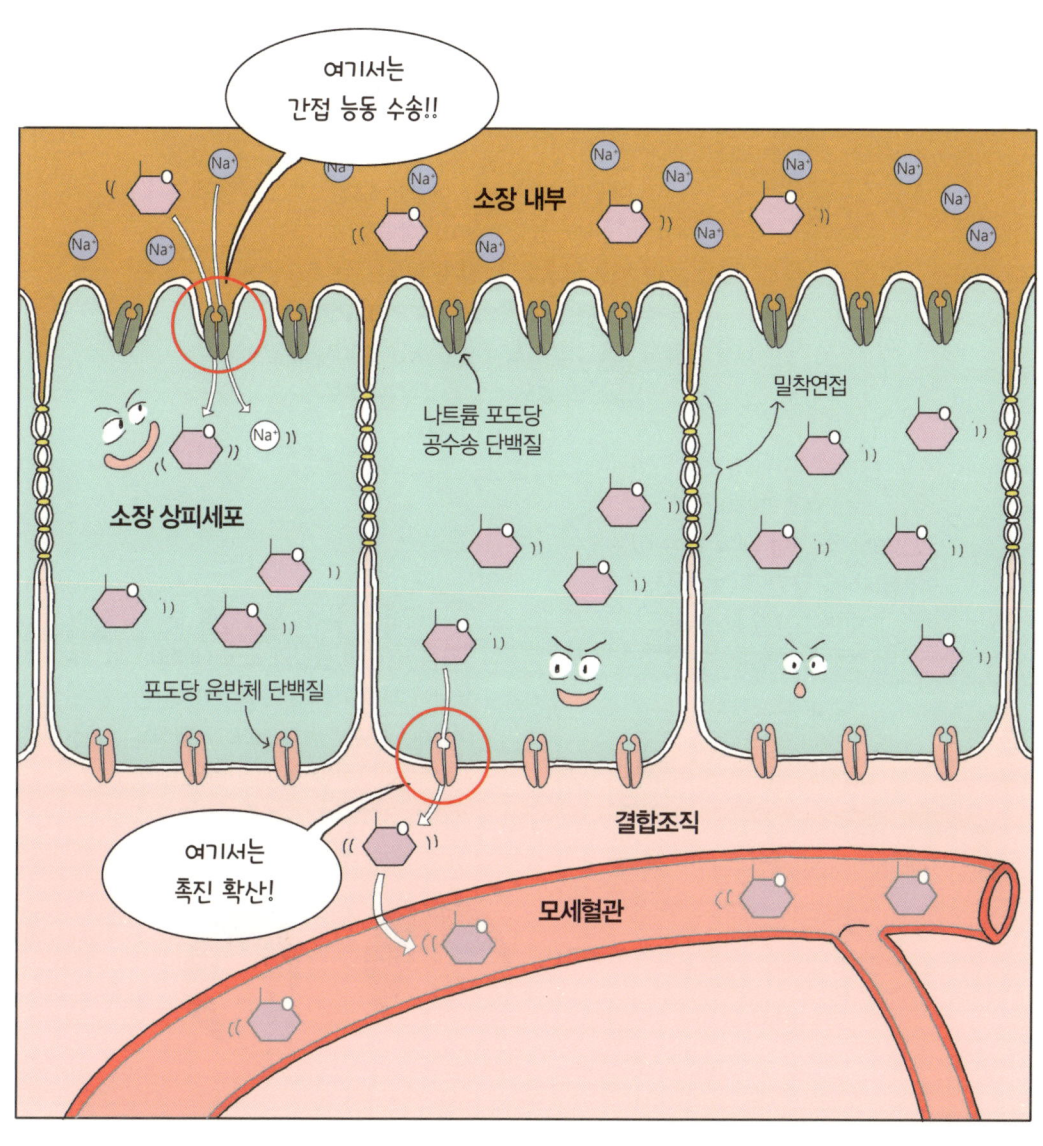

간극연접은 이름은 비록 세포 사이의 '간극(떨어진 거리)'으로 이름이 붙여졌지만 실제 기능은 파이프처럼 두 세포 사이에 박힌 단백질 복합체 '코넥손'을 통한 세포 사이의 물질 이동 기능을 수행하는 세포 연접이다.

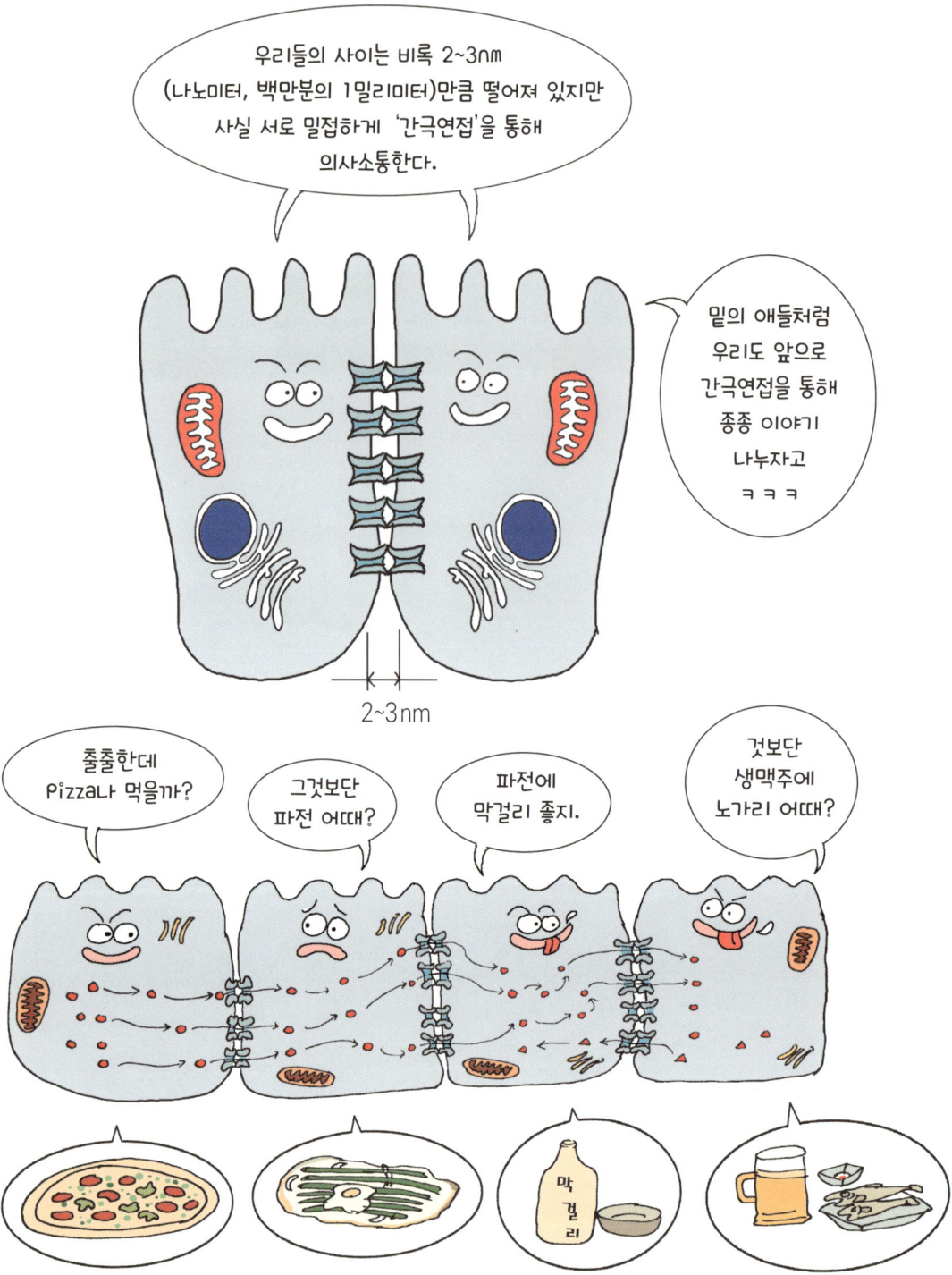

간극연접을 이루는 단백질 복합체 '코넥손'은 코넥신이라는
단백질 여섯 개가 모여 파이프 형태를 만들고 있다.

간극연접은 두 세포의 코넥손이 서로 연결되면서 만들어진다.

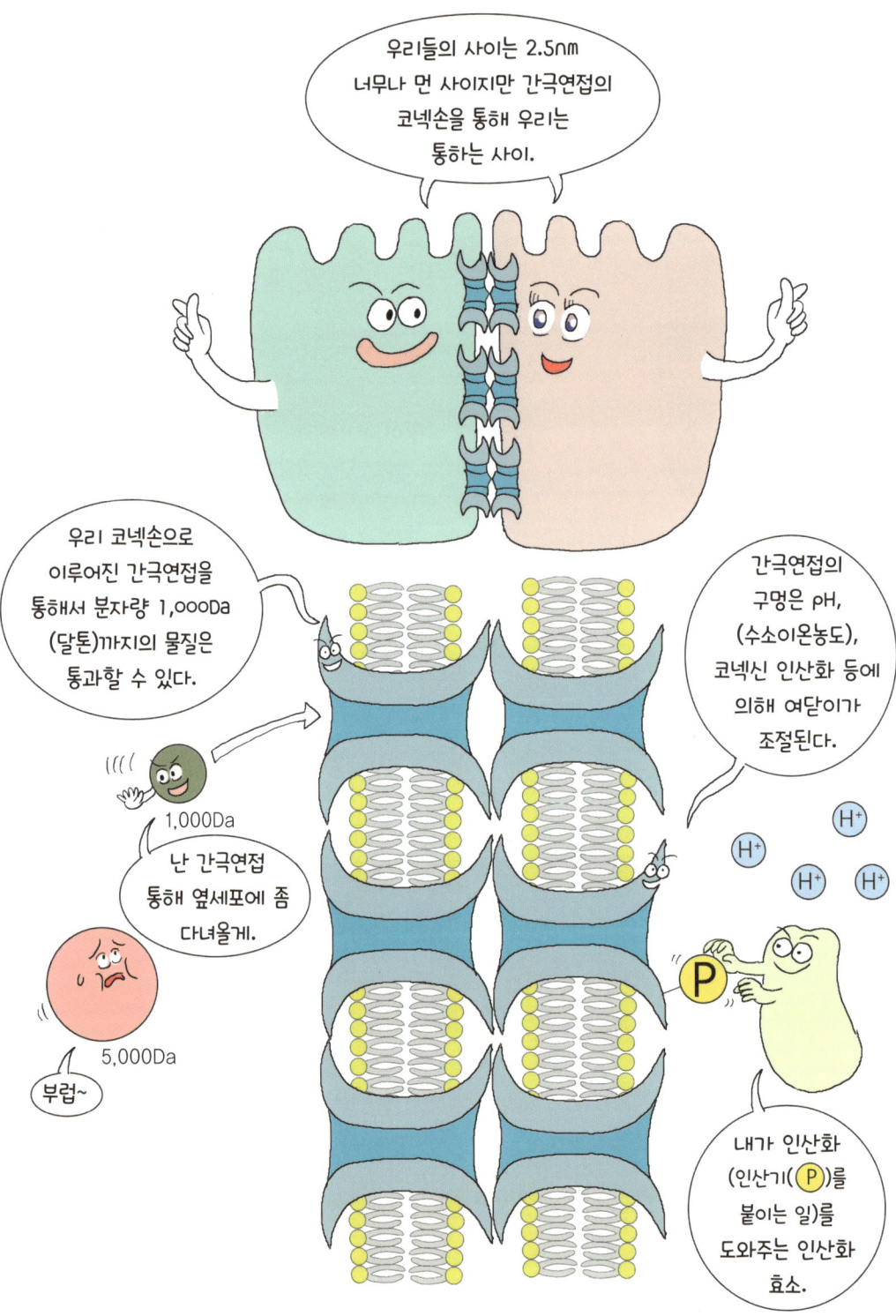

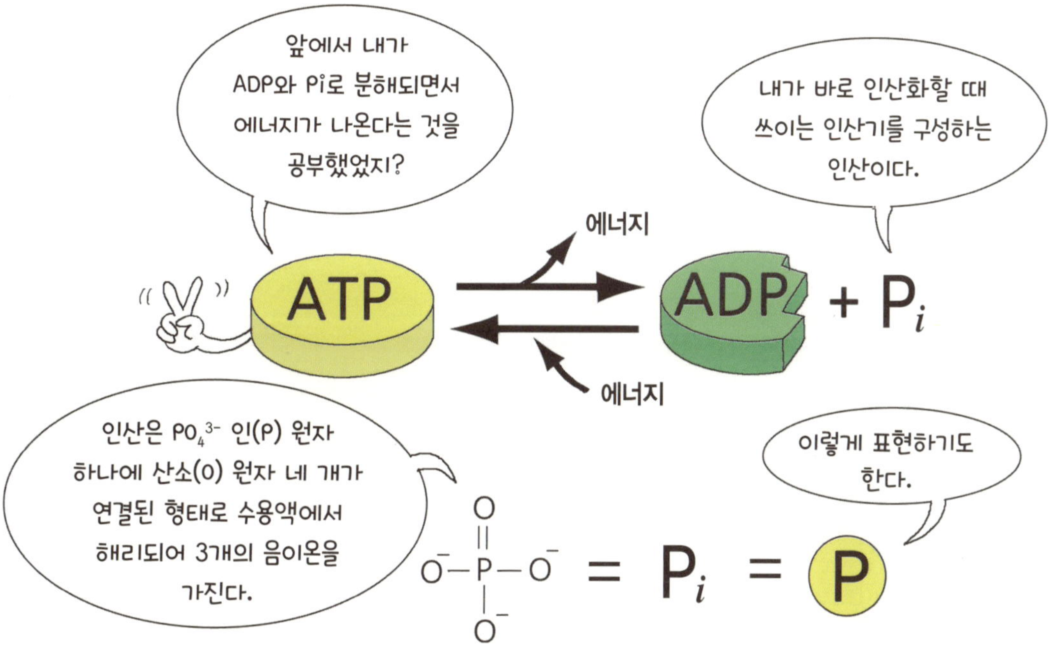

마지막 세포 연접인 부착연접은 상피조직의 상피세포들을
서로 촘촘하게 연결하는 데 사용된다.

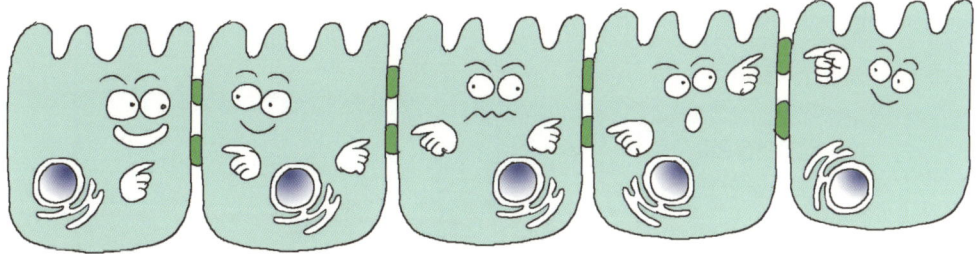

부착연접은 접착연접과 데스모솜으로 나눌 수 있다.

접착연접은 'E-카드헤린'이라는 단백질로 이루어져 있다.

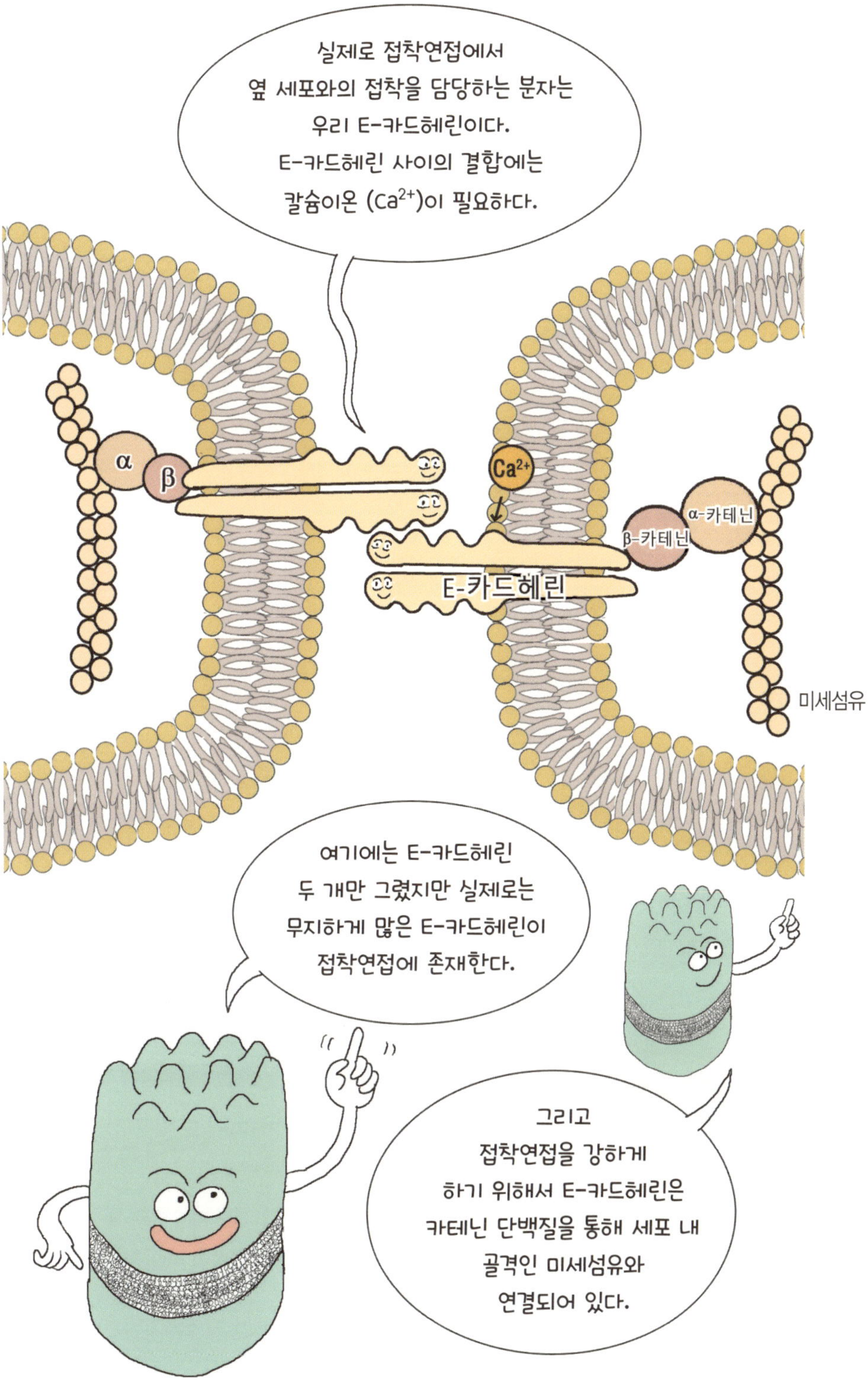

실제로 접착연접에서 옆 세포와의 접착을 담당하는 분자는 우리 E-카드헤린이다. E-카드헤린 사이의 결합에는 칼슘이온 ($Ca^{2+}$)이 필요하다.

α-카테닌
β-카테닌
E-카드헤린
미세섬유

여기에는 E-카드헤린 두 개만 그렸지만 실제로는 무지하게 많은 E-카드헤린이 접착연접에 존재한다.

그리고 접착연접을 강하게 하기 위해서 E-카드헤린은 카테닌 단백질을 통해 세포 내 골격인 미세섬유와 연결되어 있다.

또다른 부착연접인 데스모솜은 마치 똑딱이 단추와 같이
좁은 면적에 강한 장력을 견딜 수 있는 구조를 만들어
두 세포 사이에 강한 부착력을 준다.

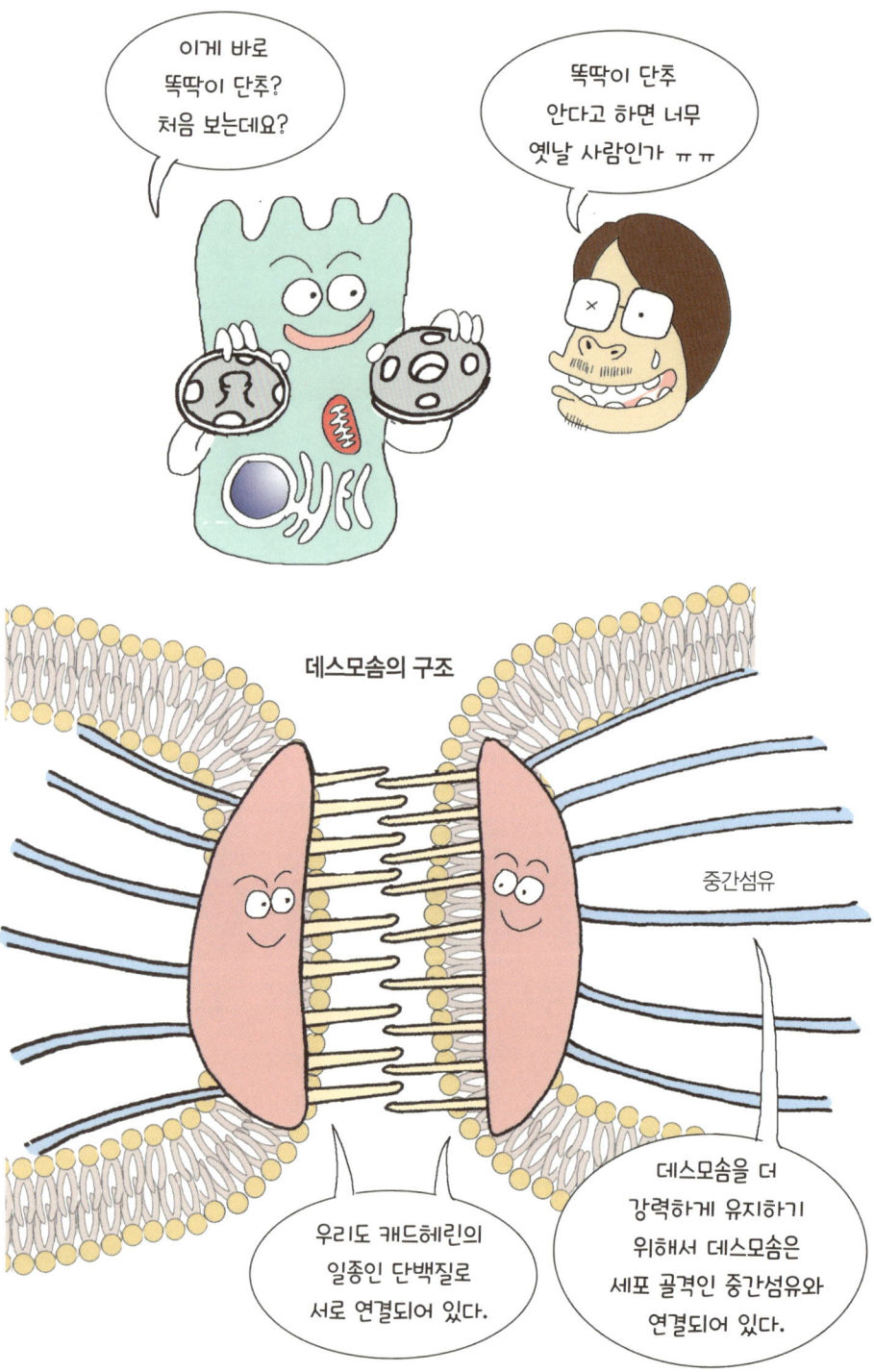

데스모솜의 구조

중간섬유

우리도 캐드헤린의 일종인 단백질로 서로 연결되어 있다.

데스모솜을 더 강력하게 유지하기 위해서 데스모솜은 세포 골격인 중간섬유와 연결되어 있다.

데스모솜이 반쪽 난 형태인 헤미데스모솜은 상피세포의 바닥 부위를 세포외기질에 붙여주는 세포 부착을 도와주는 구조이다.

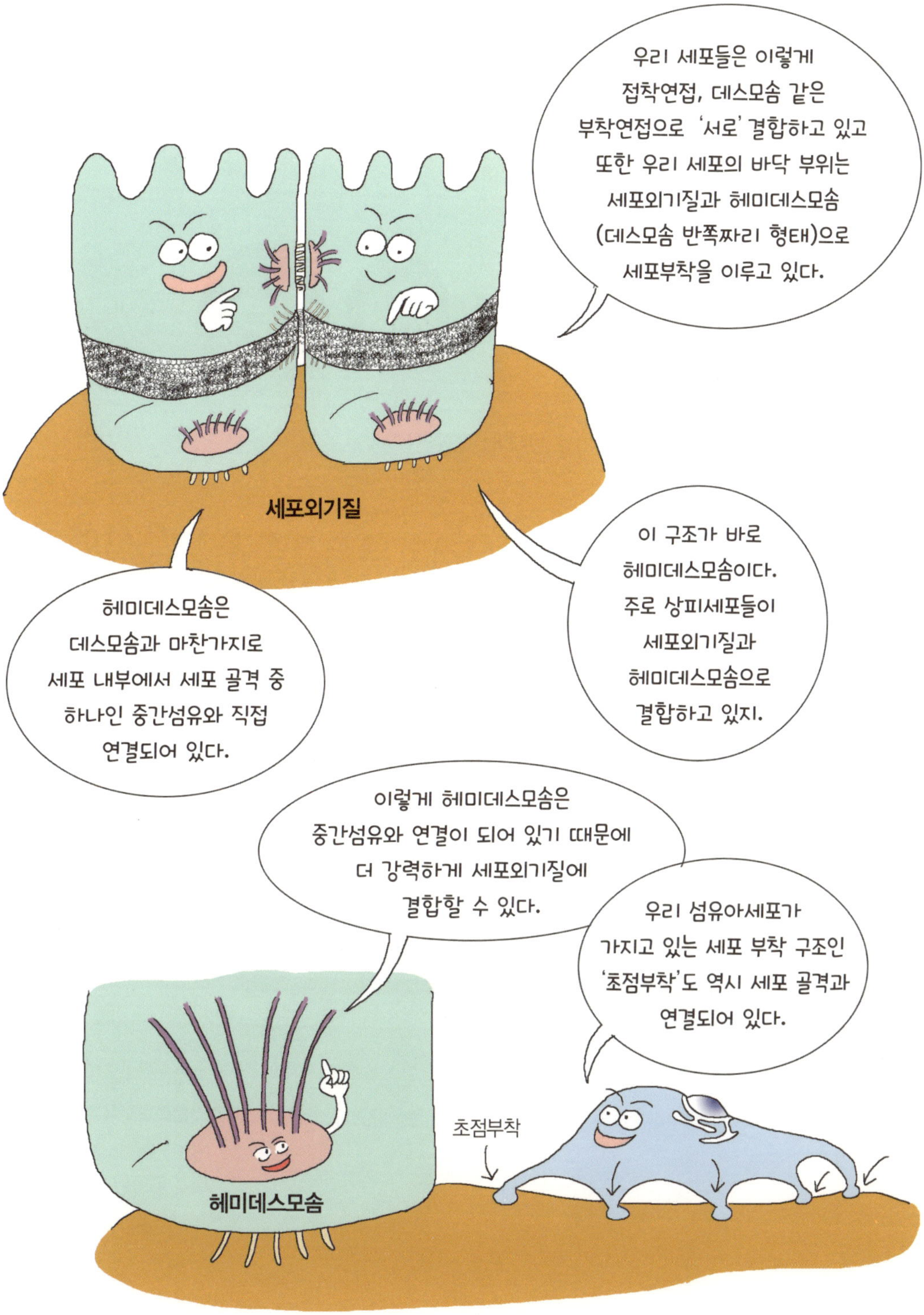

결합조직의 세포인 섬유아세포는
세포외기질과 '초점 부착'이라는 구조로 결합하고 있다.

세포외기질은 콜라젠과 같은 구조단백질, 프로테오글라이칸, 세포를 세포외기질에 결합시키는 접착제 역할을 하는 접착 당단백질로 나눌 수 있다.

콜라젠과 같은 구조단백질은 주로 섬유아세포가 만들어서 세포 밖으로 배출하고 세포외기질을 단단하고 질기게 만드는 역할을 담당한다.

161

섬유아세포 외부로 배출된 콜라젠 전구체는 세포 밖에서 효소에 의해 끝부분이 잘리면서 연결되어 길다란 콜라젠 섬유를 형성한다.

콜라젠은 세포외기질이 콘크리트 건물이라면 건물 안의 철근 역할을 하는 구조물이다.

세포외기질을 철근 콘크리트 건물로 비유할 때
콜라젠이 철근이라면 콘크리트에 해당하는 것은 무엇일까?

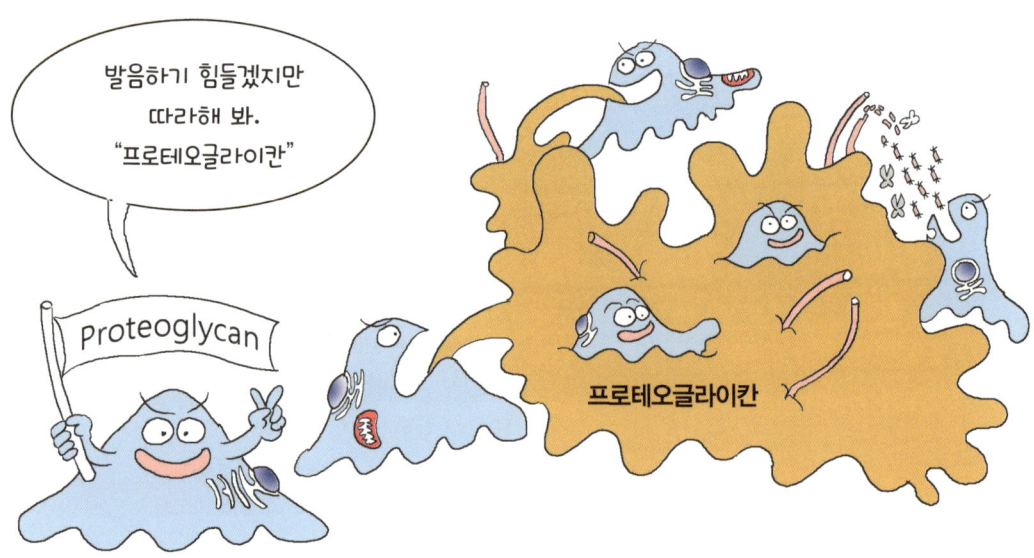

프로테오글라이칸은 단백질과 탄수화물로 이루어진
분자량이 엄청나게 큰 고분자 물질이다.

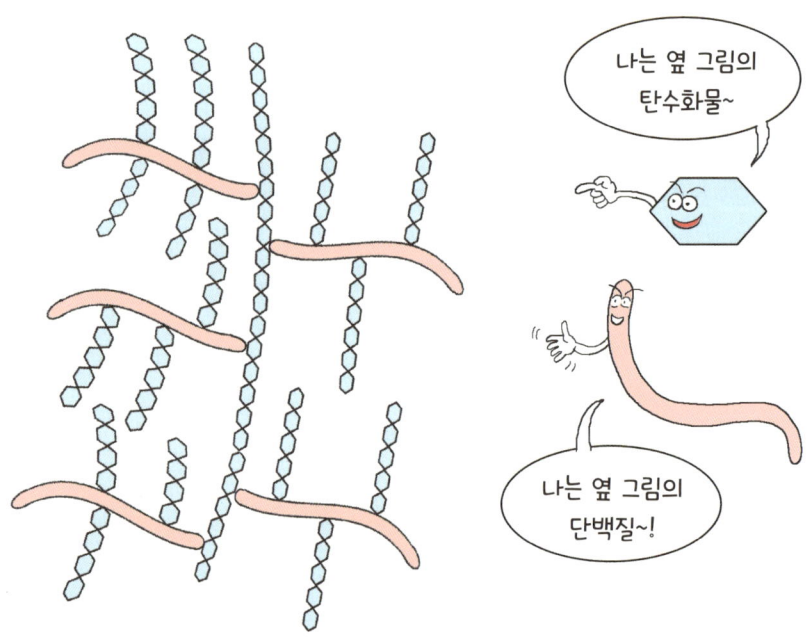

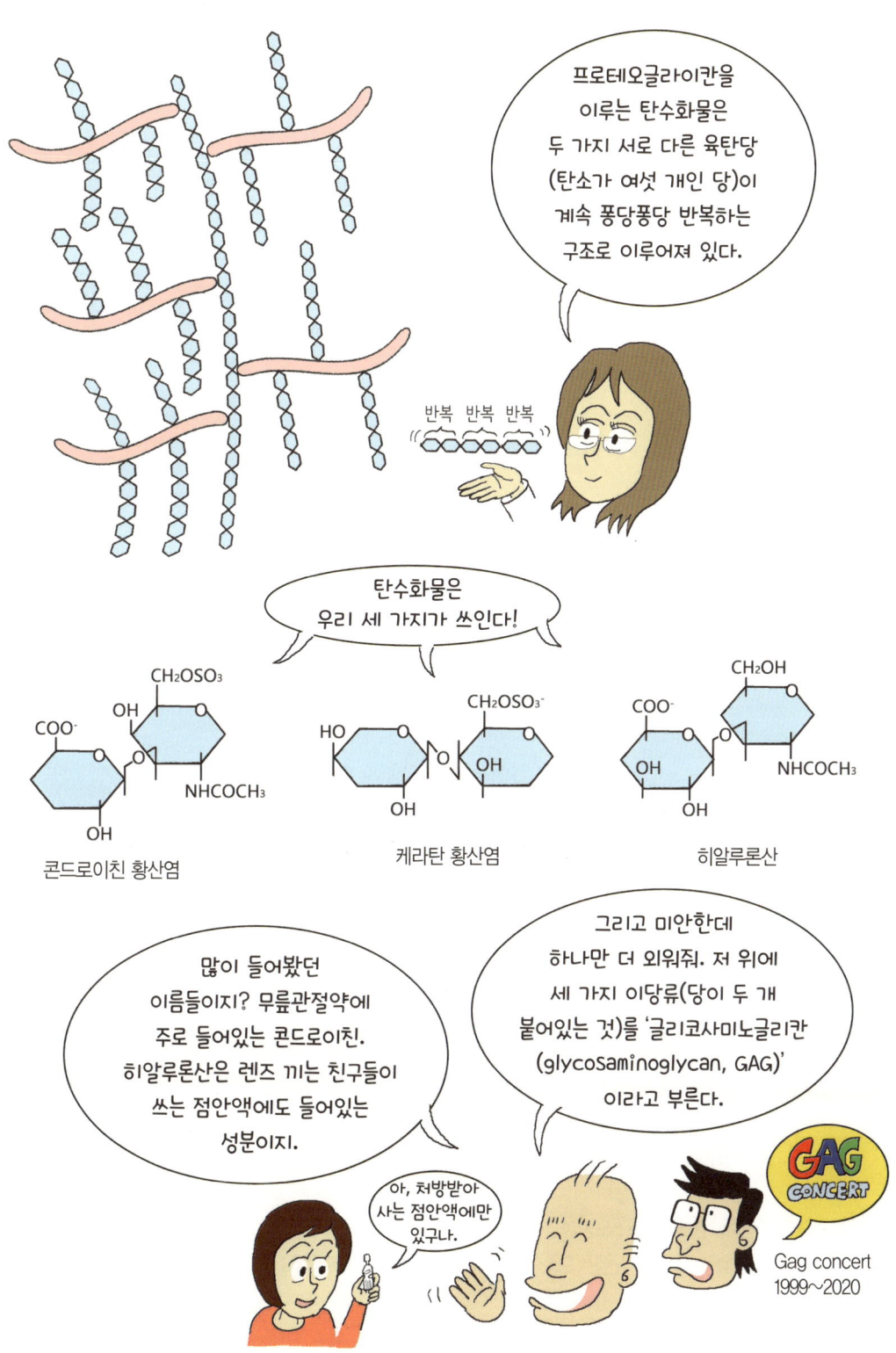

접착 당단백질은 세포를 세포외기질에 붙여주는 역할을 한다.

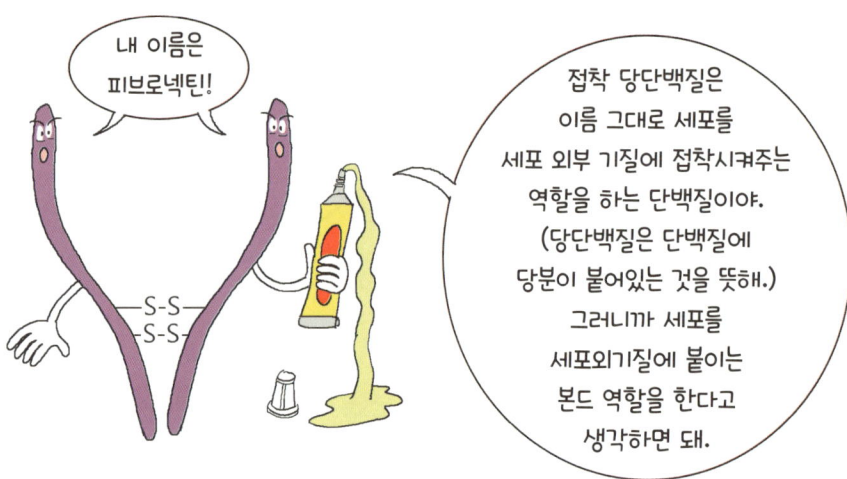

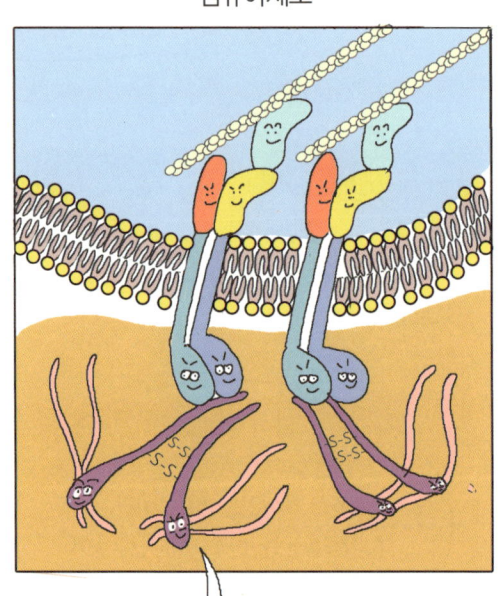

## 벽 안의 벽돌이 서로 시멘트로 붙어있는 것처럼 세포 연접을 통해 세포들은 서로 붙어있다고?

세포 배양을 직접 해본 사람들은 알겠지만 배양 접시 안의 세포들은 너무 연약합니다. 세포들이 다닥다닥 서로 붙어있는 것처럼 보이지만 손가락 끝으로 건드리기만 해도 떨어져 나갑니다. 그렇다면 우리의 몸과 피부를 이루고 있는 세포들은 어떠한 이유로 쉽게 서로 떨어져 나가지 않는 것일까요? 왜 뺨을 한 대 맞아도 뺨을 이루고 있는 세포들이 우수수 흘러내리지 않는 것일까요?

우리의 몸을 이루고 있는 세포는 세포 연접을 통해 세포와 세포끼리 강한 결합을 하고 있고 또한 이 세포들이 모인 조직을 더 강화하기 위해 세포는 세포외기질(ECM, extracellular matrix)을 세포 밖으로 분비하여 그 안에 스스로 갇힙니다. 벽을 이루는 벽돌이 직접 시멘트를 분비하여 서로 단단히 연결되는 것을 상상하면 비슷할까요? 물론 모든 세포가 다 세포외기질을 분비하는 것은 아닙니다. 세포연접에 의해 약하게 붙어있는 세포들도 있고 결합조직의 세포처럼 세포외기질을 분비하여 조직을 질기고 강하게 해주는 세포들도 있습니다. 반면 세포끼리도 세포외기질과도 결합하지 않고 혈액 안에서 둥둥 떠다니면서 생활하는 적혈구나 백혈구 같은 혈액세포도 있습니다. 또한 백혈구는 혈액 안에서 떠다니다가도 염증 등이 일어난 장소를 만나면 모세혈관 벽을 뚫고 이동하여 외부 침입자 격파 등의 자신의 임무를 수행합니다.

**세포외기질 관련 유튜브 링크**
'Cell-Extracellular Matrix Mechanobiology' by Research Animated(Scipod)

memo

# 제 6 장

# 세포주기

우리가 어렸을 때 그렸던 생활계획표처럼
세포도 세포주기라는 계획표에 맞춰서 살아간다고?
세포주기에는 어떤 것이 있고 세포주기를 조절하기 위해
세포 안에서 어떤 일들이 일어나고 있는 걸까?

세포는 세포주기에 따라서 여러 가지 세포 내 프로세스를 실행한다.

사람도 인생의 주기가 있잖아. 태어나서 유년기를 보내고 청장년기를 지나 노년기에 이르는.

하지만 사람의 주기는 노년기를 지나 다시 유년기로 돌아가지는 않잖아요. 세포는 분열이 끝나면 다시 초기 상태로 리셋돼요. 그러니까 '주기'라고 부를 수 있지요.

다시 태어난 기분!!!

자~ 이제 분열해 볼까? 힘들지만?

여기서 보면 세포주기는 단순히 분열하고 다시 자라는게 끝인 것 같지만 실제로는 저것보다는 약간 더 복잡하다.

세포주기는 G1 → S → G2 → M의 순서로 진행된다.

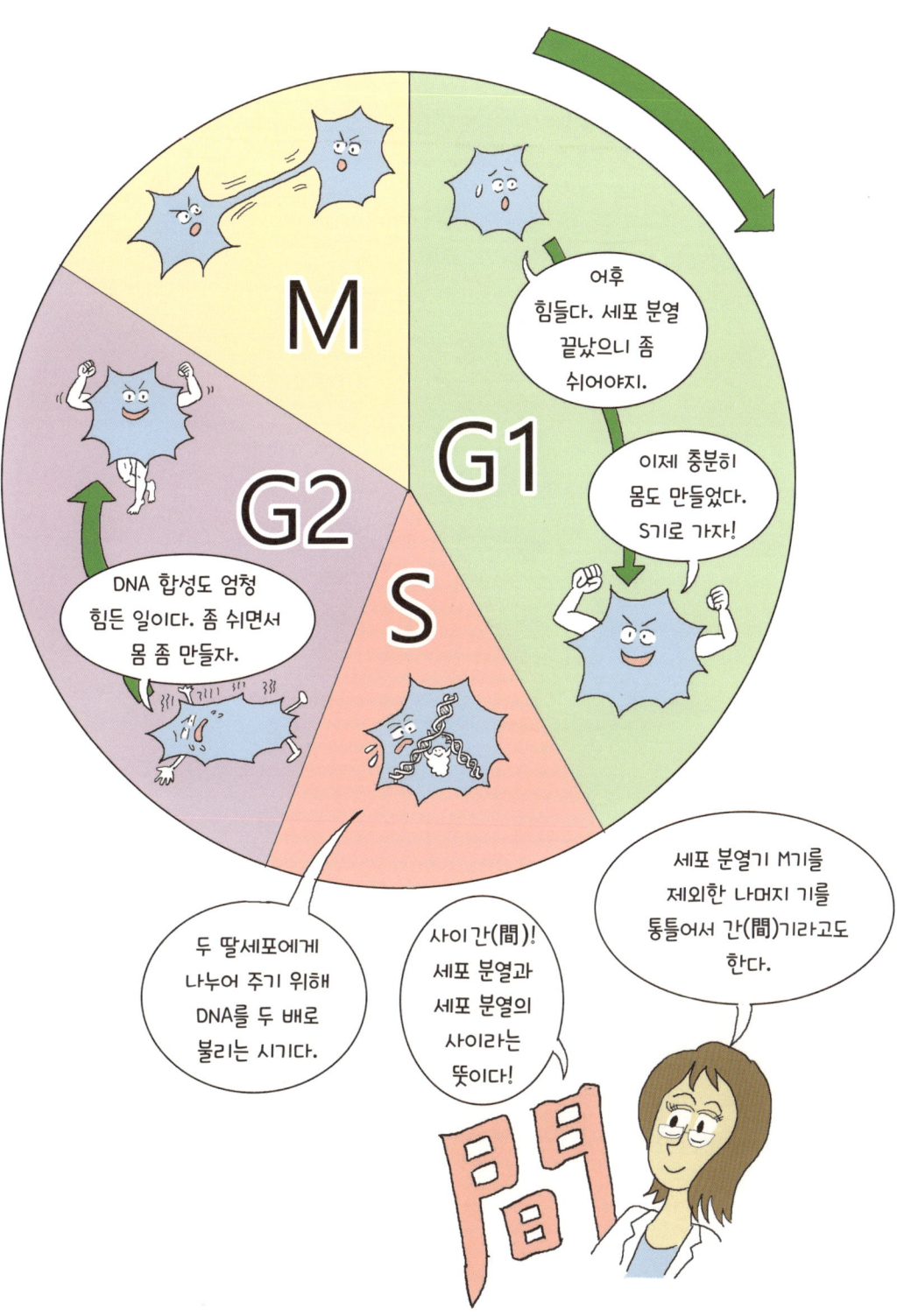

G1기에서 쉬고 있는 세포는 외부의 신호를 받아서 S기로 넘어간다.

S기로 넘어가기 위한 신호는 대개 세포 외부에서 오는
단백질로 이루어진 성장인자이다.

성장인자는 세포 표면의 수용체에 결합하여 세포 내부의 S기로 넘어가서 DNA를 합성하라는 신호를 전달한다.

사실 성체 몸의 대부분의 세포는 성장하지 않고 G1기에 머물러 있다.

성체에서도 계속 분열하는 세포는 끊임없이 때로 벗겨져 나가는 우리 표피세포, 음식물에 의해 깎여 나가는 내장 상피세포, 계속 머리칼을 만들어내는 모근세포, 혈구세포를 계속 만들어내는 조혈모세포 정도이다.

성체의 세포가 G1기에 머무르고 있을 수 있는 이유는
G1기에서 S기로의 진행을 막는 분자 브레이크가 작동하고 있기 때문이다.

G1기의 세포가 S기로 넘어가려면 'E2F'라는 단백질이
세포 핵 안으로 들어가서 유전자 발현을 시켜야 한다.

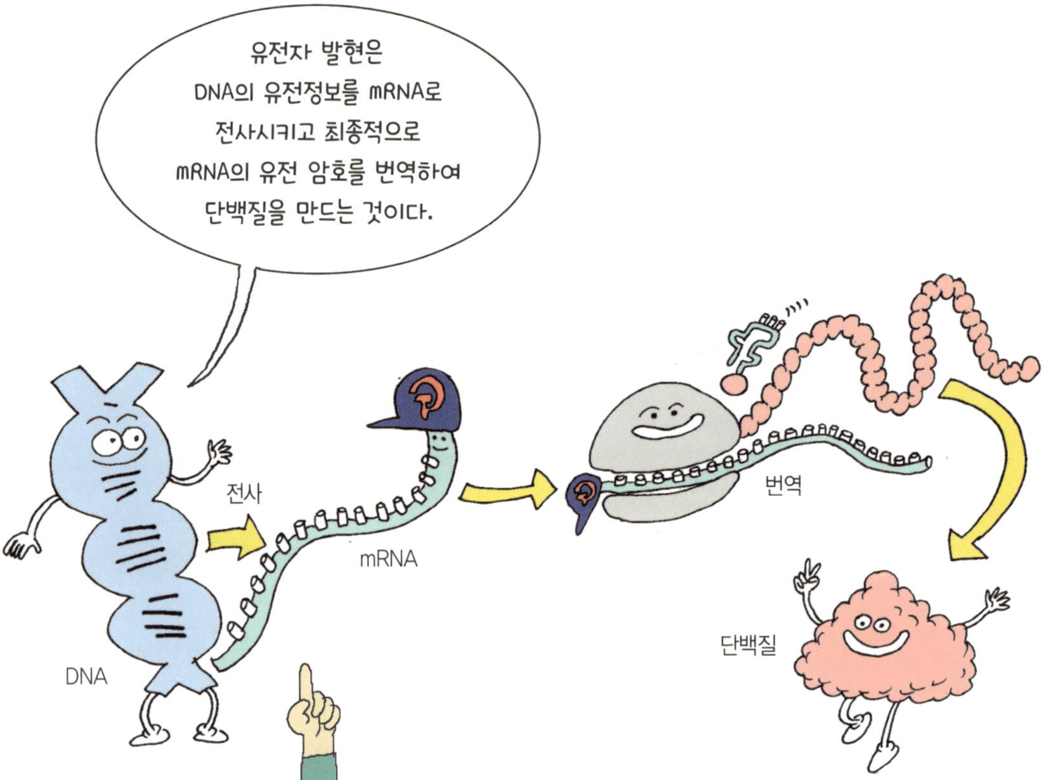

유전자 발현은 DNA의 유전정보를 mRNA로 전사시키고 최종적으로 mRNA의 유전 암호를 번역하여 단백질을 만드는 것이다.

전사 → mRNA → 번역 → 단백질

DNA

『날로 먹는 분자유전학』 시리즈에서 설명하려고 했는데 유전자 발현이 일어나려면 일단 저 위에서 DNA를 본(주형)으로 mRNA를 만드는 전사 과정이 일어나야 한다.

E2F 단백질은 '전사 인자'로 DNA로부터 특정 유전자의 mRNA를 만들어 내는 데(전사해 내는 데) 필요한 단백질이다.

여기서부터 전사하려면 너의 도움이 필요해.

RNA 중합효소  E2F

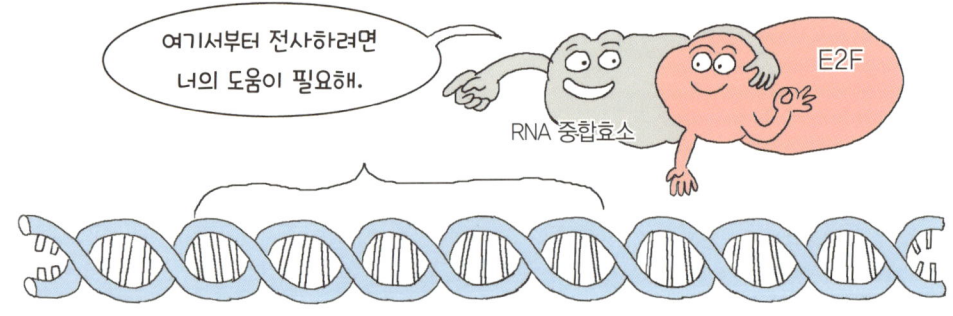

G1기에 머물고 있는, 즉 분자 브레이크를 밟고 있는 세포는
Rb라는 단백질이 E2F를 붙잡고 있어서 E2F가 핵으로 이동하지 못하여
S기에 필요한 유전자 전사를 개시하지 못한다.

하지만 G1기에서 S기로 넘어갈 때가 되어 성장인자가 G1기의 세포 표면의
수용체에 결합하면 E2F를 Rb로부터 풀려나게 하는 세포 내 신호가 전달된다.

성장인자가 G1세포 표면의 수용체에 결합하면
'CDK'라는 단백질 인산화 효소가 활성화되어 Rb를 인산화시킨다.

CDK에 의해서 인산화된 Rb는 E2F로부터 떨어지고 E2F는 세포핵 안으로 이동해서 S기 진입에 필요한 유전자를 발현시킨다.

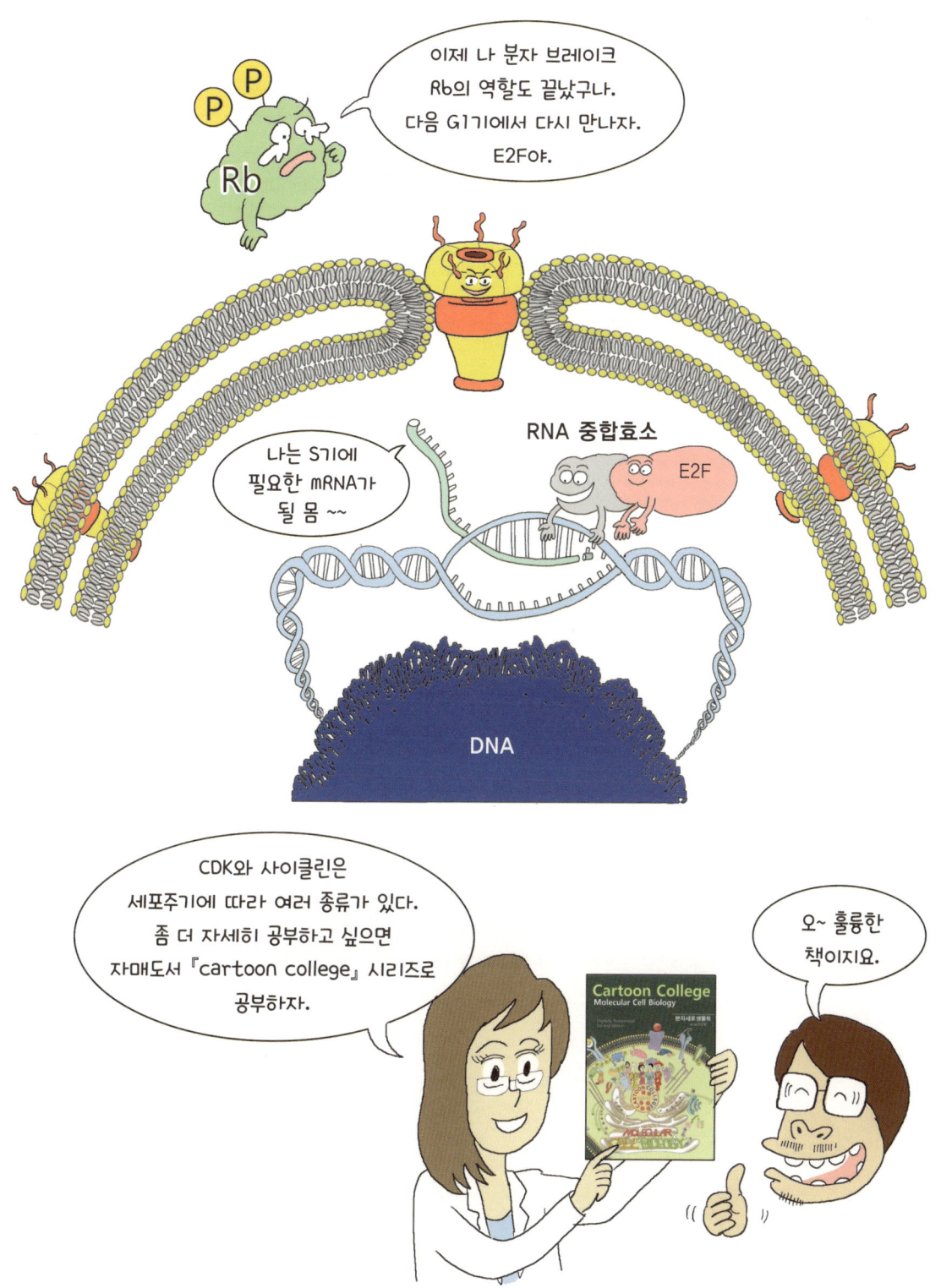

S기는 합성(synthesis), DNA 합성을 하는 시기이다.

S기의 세포는 DNA 합성을 통해서
세포 하나가 가지고 있는 DNA의 양을 두 배로 불린다.

세포 안에는 핵산, 단백질, 지질, 탄수화물 4종류의 거대분자가 있는데….

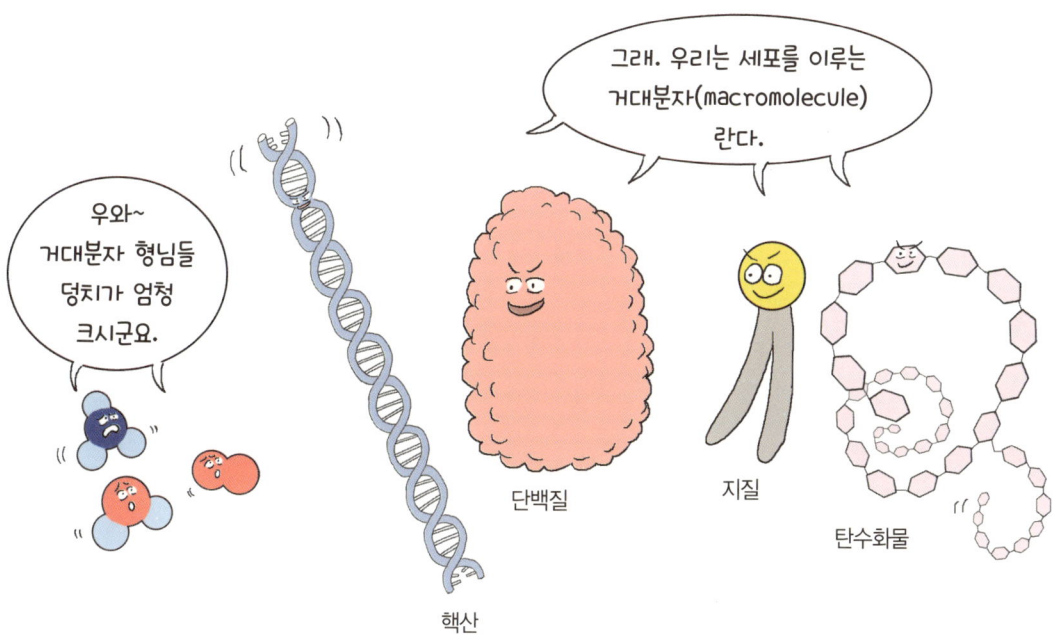

이 4종류의 거대분자 중에서 핵산의 한 종류인 DNA는
오직 세포주기의 S기에서만 합성된다. 나머지 단백질, 지질, 탄수화물은
주기에 관계없이 주야장천 계속 합성된다.

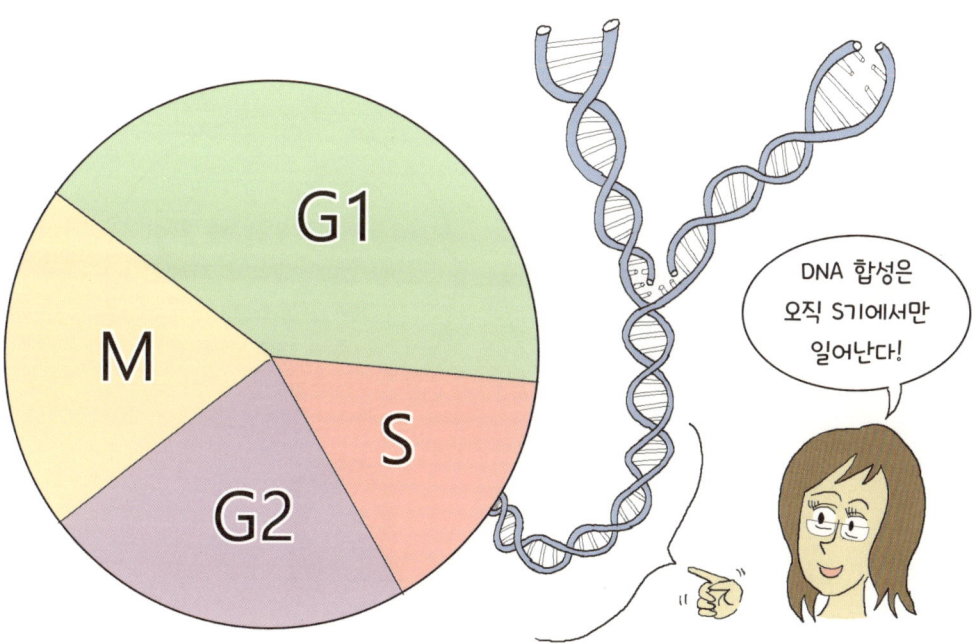

DNA는 세포 핵 안에 이중나선(double helix)의 형태로 존재하는데 이중나선으로 존재하는 이유는 여러 가지가 있지만 그 이유들 중의 하나는 DNA 복제 과정을 통하여 두 가닥이 새로운 DNA를 만들기 위한 주형(본)으로 사용되어 똑같은 이중나선 DNA를 만들어 낼 수 있다는 것이다.

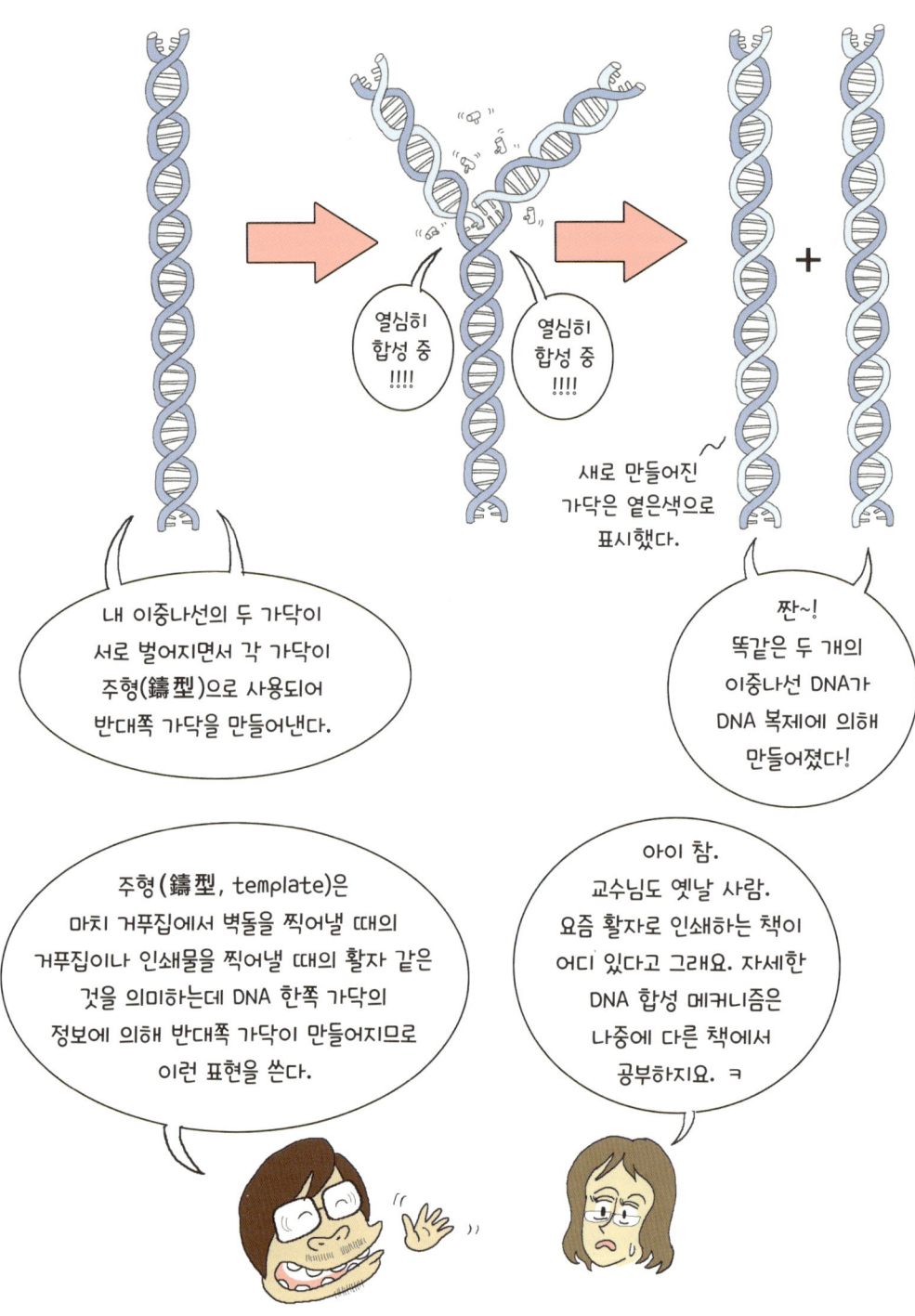

S기에서 DNA의 양이 2배로 늘어나게 되면 2배로 늘어난 DNA 양은 G2기를 지나 M기가 끝날 때까지 유지된다.

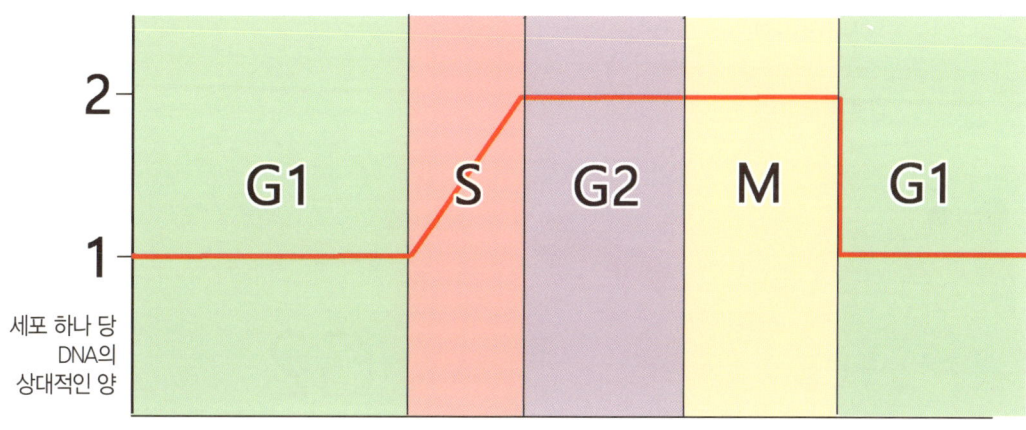

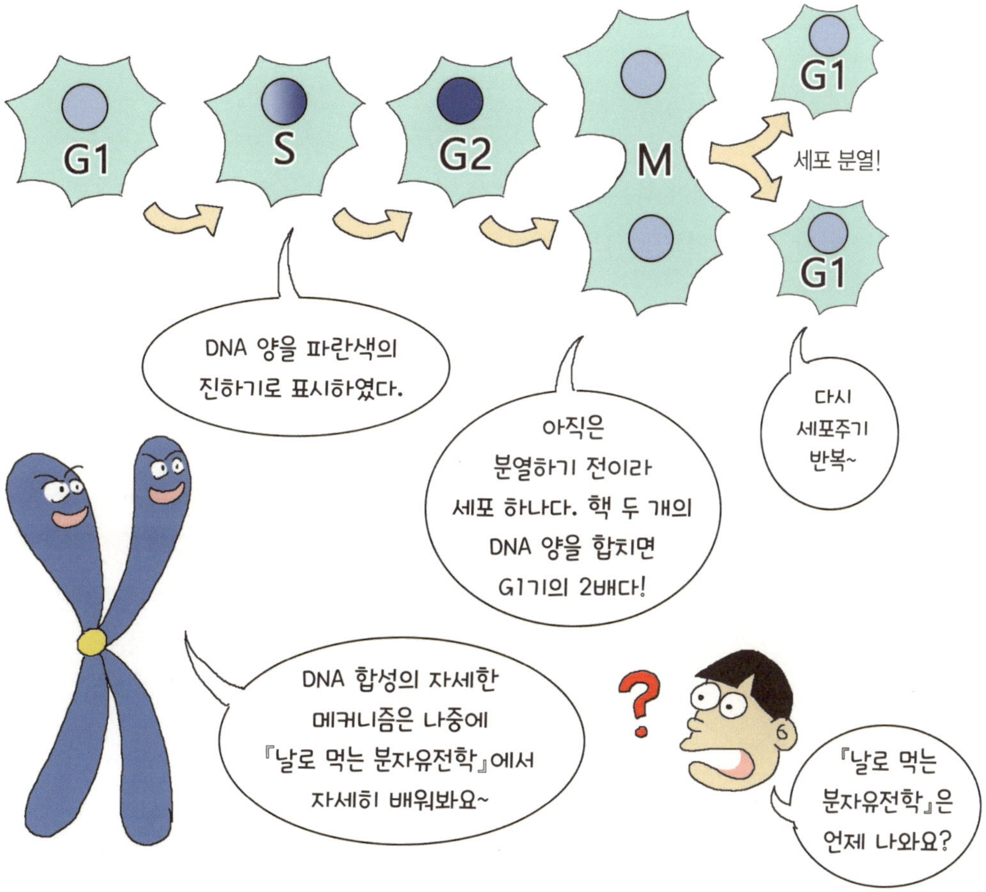

G2기는 S기에서 DNA 합성을 끝내고 잠시 쉬면서
단백질 합성을 통해 세포의 몸집을 불리는 기간이다.

빨리 세포 분열을 해야 하는 어떤 세포들은 G2기가 거의 없고
S기가 끝나자마자 바로 M기로 넘어가기도 한다.

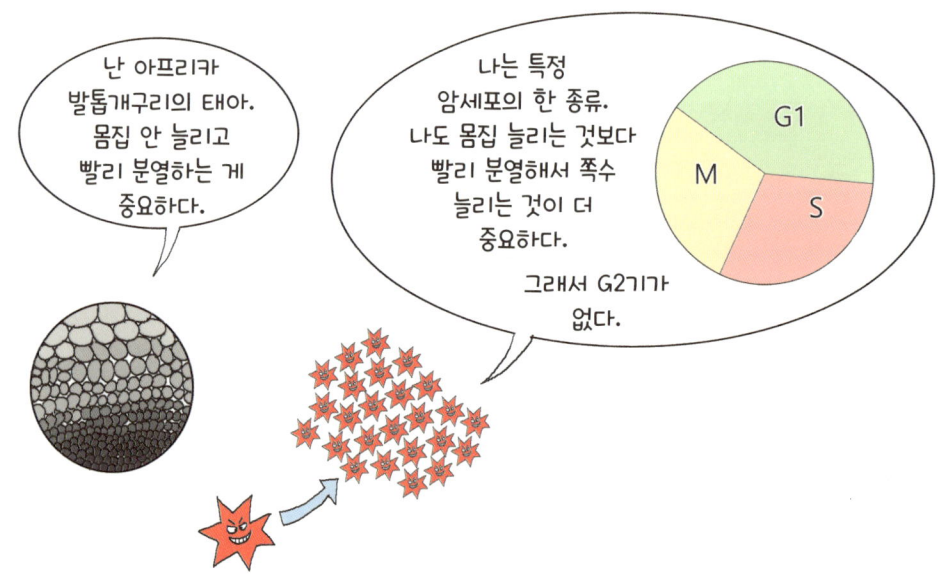

## 성안당 e러닝 인기 동영상 강의 교재

" 국가기술자격 수험서는 52년 전통의 '성안당' 책이 좋습니다 "

소방설비기사 필기
공하성 지음

산업위생관리기사 필기
서영민 지음

공조냉동기계기사 필기
허원회 지음

직업상담사 1급 필기
이시현, 김재진 지음

화학분석기사 필기
박수경 지음

품질경영기사 필기
염경철 지음

건축기사 필기
정하정 지음

빅데이터분석기사 필기
김민지 지음

영상정보관리사
서재오, 최상균, 최윤미 지음

---

성안당 e러닝

국가기술자격교육 NO.1

합격이 **쉬워**진다,
합격이 **빨라**진다!

# 당신의 합격 메이트,
# 성안당
# 이러닝

**bm.cyber.co.kr**

단체교육 문의 ▶ 031-950-6332

쉬운대비 빠른합격 **성안당 e러닝**

대통령상 2회 수상

국가기술자격시험 교육 부문

2019, 2020, 2021, 2022, 2023, 2024, 2025

**7년 연속 소비자의 선택**

# 대상 수상

중앙SUNDAY　중앙일보　산업통상자원부

2025 소비자의 선택
The Best Brand of the
Chosen by CONSUMER

### 성안당 e러닝 주요강좌

| | | |
|---|---|---|
| 소방설비기사·산업기사 | 전기(공사)기사·산업기사·전자기사 | 정보처리기사·빅데이터분석기사 |
| 건축(설비)기사/지적기사 | 에너지관리기사/일반기계기사 | 네트워크관리사/시스코네트워킹 |
| 산업위생관리기사·산업기사 | 품질경영기사 | 위험물산업기사·기능사 |
| 공조냉동기계기사·산업기사 | 가스기사·산업기사 | 산림기사/식물보호기사 |
| 신재생에너지발전설비기사 | 토목기사 | 영상정보관리사 |
| G-TELP LEVEL 2 | 직업상담사 1급/이러닝운영관리사 | 화학분석기사/온실가스관리기사 |

# 성안당 e러닝 BEST 강의

**전기/전자**
전수기, 정종연, 임한규, 류선희, 김영복, 김태영 교수

전기기능장, 전기(공사)기사·산업기사
전기기능사, 전자기사

**G-TELP**
오정석 교수

G-TELP LEVEL 2
문법·독해&어휘·모의고사

**품질/화학/**
염경철, 박수경, 현성...

품질경영기사, 화학분석기사,
화공기사, 위험물기능장
위험물산업기사, 위험물기능사

G2기에서 M기로 넘어갈 때도 G1기에서 S기로 넘어갈 때처럼 CDK와 사이클린이 필요하다.

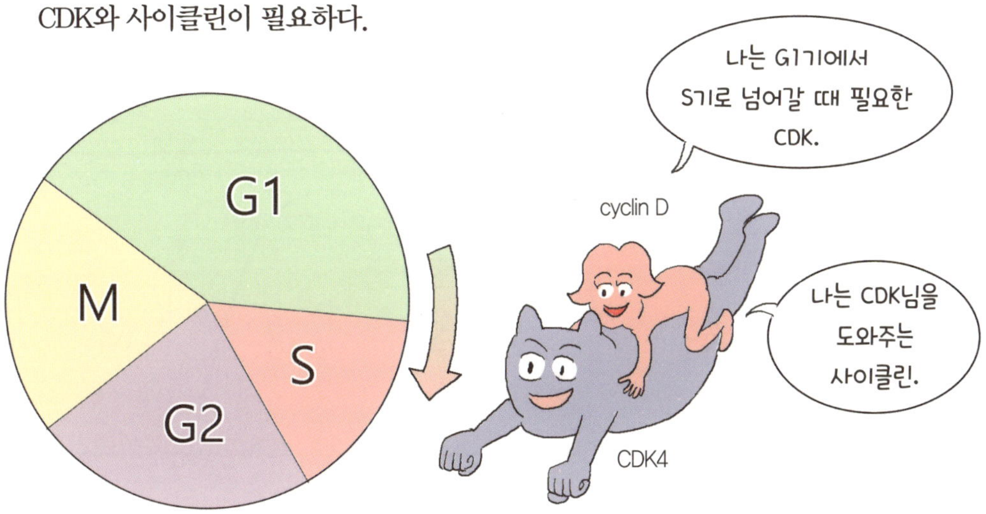

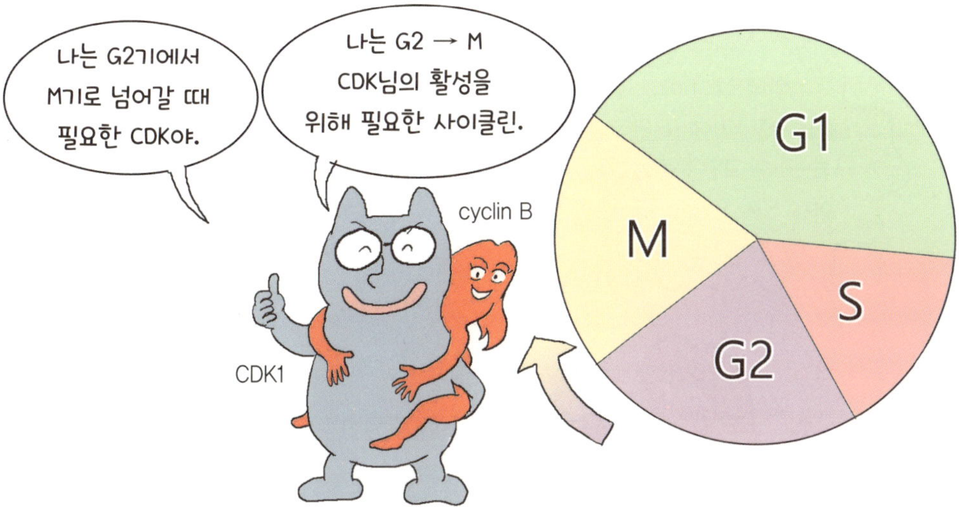

각 세포주기마다 활성화 되는 CDK와 사이클린은 이름이 정해져 있다.

이름이 '사이클린(cyclin)'인 이유는 세포 주기(cell cycle)에 따라 주기적으로 합성되었다가 분해되기 때문이다.

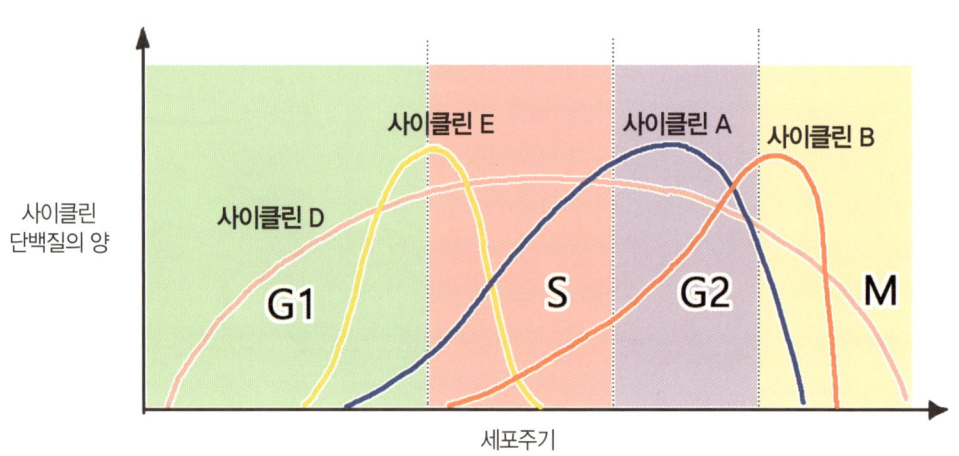

사이클린이 주기적으로 분해와 합성을 반복하는 이유는
각 CDK의 활성이 세포주기의 특정 구간에만 필요하기 때문이다.

M기는 실제로 세포 분열이 일어나는 세포주기이다.

M기는 'mitosis'의 M자에서 온 이름인데 'mitosis'는 우리 말로 '유사분열(有絲分裂)'이라고 부른다.

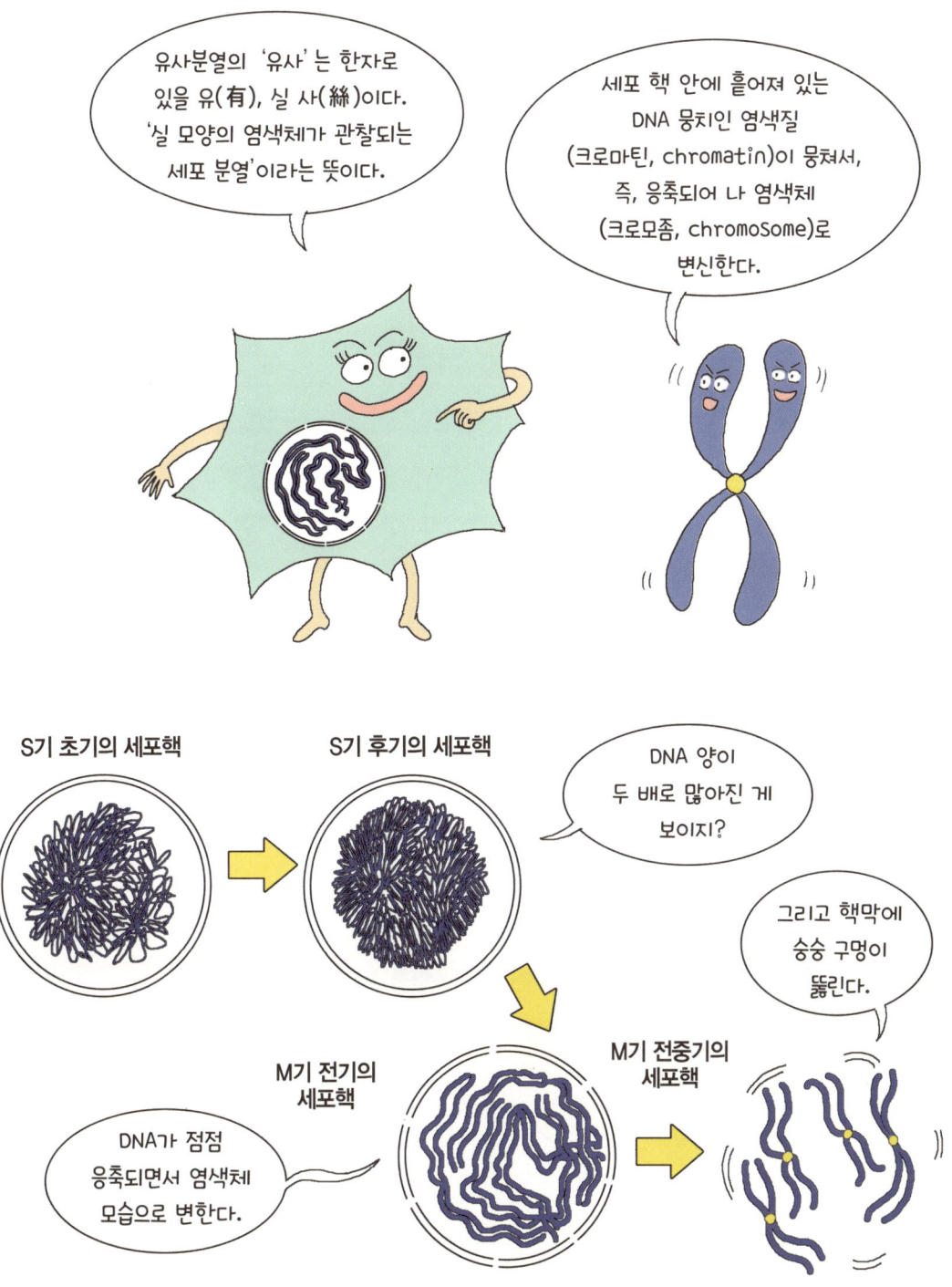

그런데 왜 M기에서 염색질은 응축하여 염색체가 되는 것일까?

그렇다. 염색질은 분리되어 분열 후 생기는 두 개의 딸세포로 정확하게 나누어지기 위해서 응축되어 염색체로 바뀐다.

M기의 염색체를 이루고 있는 두 염색분체는 각각 서로 찢어져서 서로 다른 딸세포로 헤어질 운명이다.

M기의 중기에는 염색체가 가장 뚱뚱하게 응축하여 분열하는 세포의 적도면(중간 부분)에 나란히 정렬하여 존재한다.

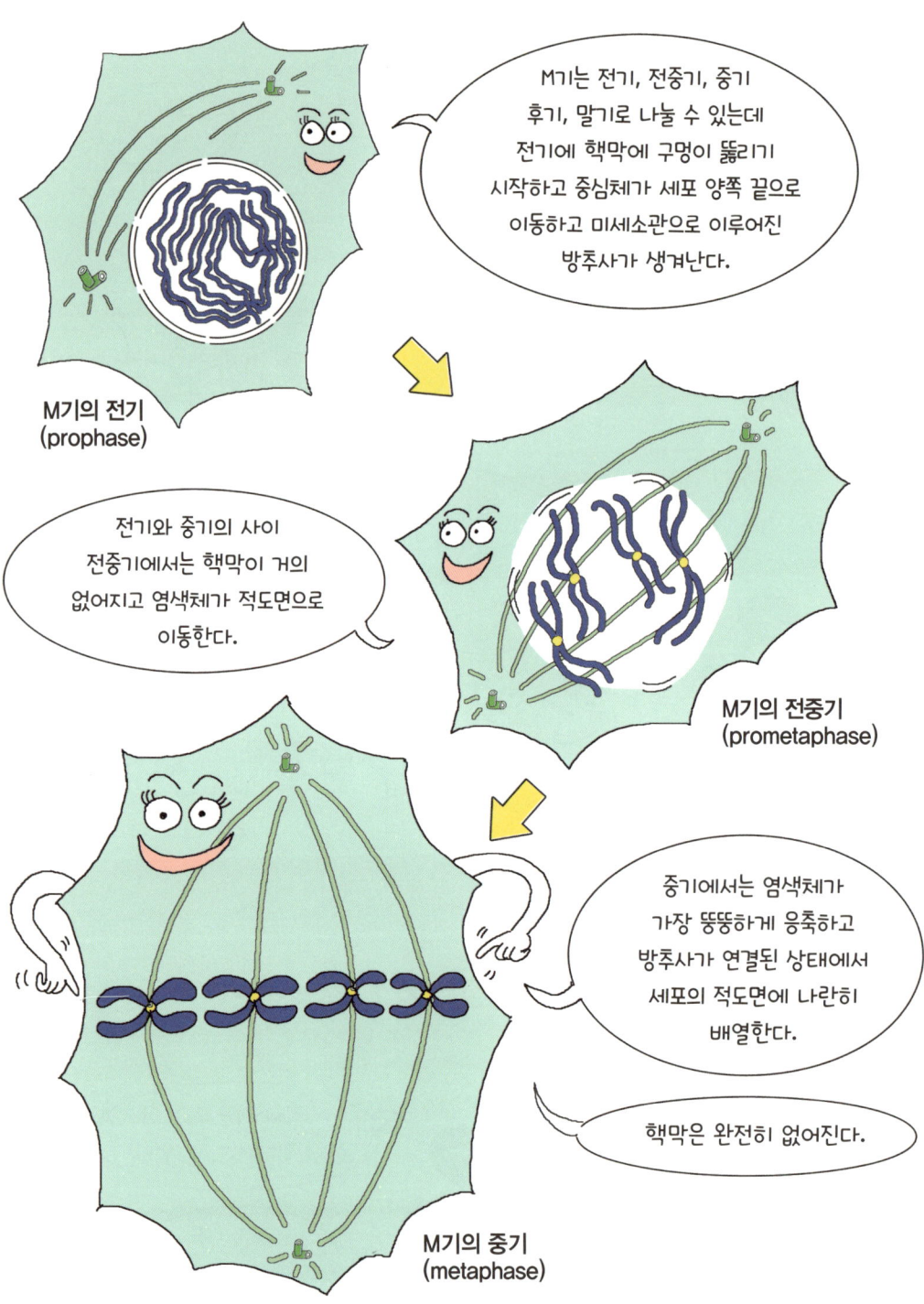

M기의 후기에는 염색체가 두 개의 염색분체로 나누어지고 양쪽 끝의 중심체 쪽으로 방추사에 매달려 이동한다.

M기의 후기(anaphase) 다음에는 M기의 마지막 단계인
말기(telophase)가 있다.

말기(telophase)에서는 핵막이 다시 생기고
염색체의 응축이 풀린다.

M기의 마지막 단계인 말기가 종료되려면
두 딸세포의 세포질이 서로 분리되어야 한다.

두 딸세포 사이의 세포질을 분리하기 위해서
액틴과 미오신으로 만들어진 수축환(contractile ring)이
점점 수축하여 결국엔 세포질을 분리한다.

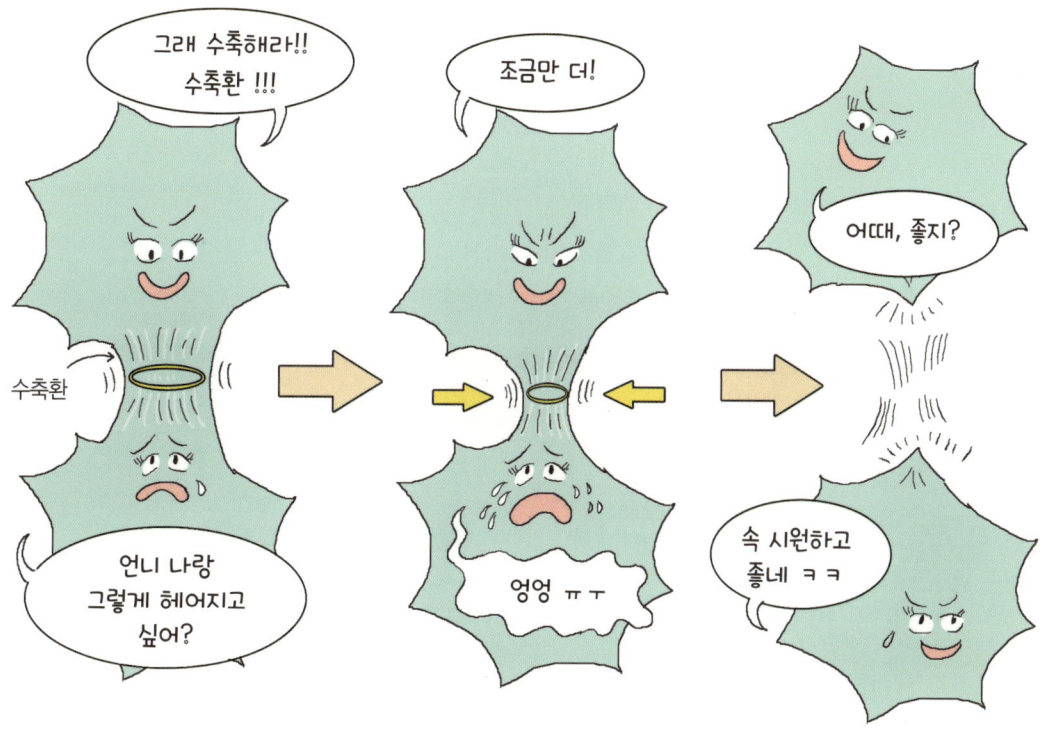

동물 세포는 수축환으로 세포질이 분리되어 두 딸세포가 나누어지고
세포막 밖에 세포벽이 있는 식물 세포는 두 딸세포 사이에
'세포판'이 만들어져서 두 딸세포가 분리된다.

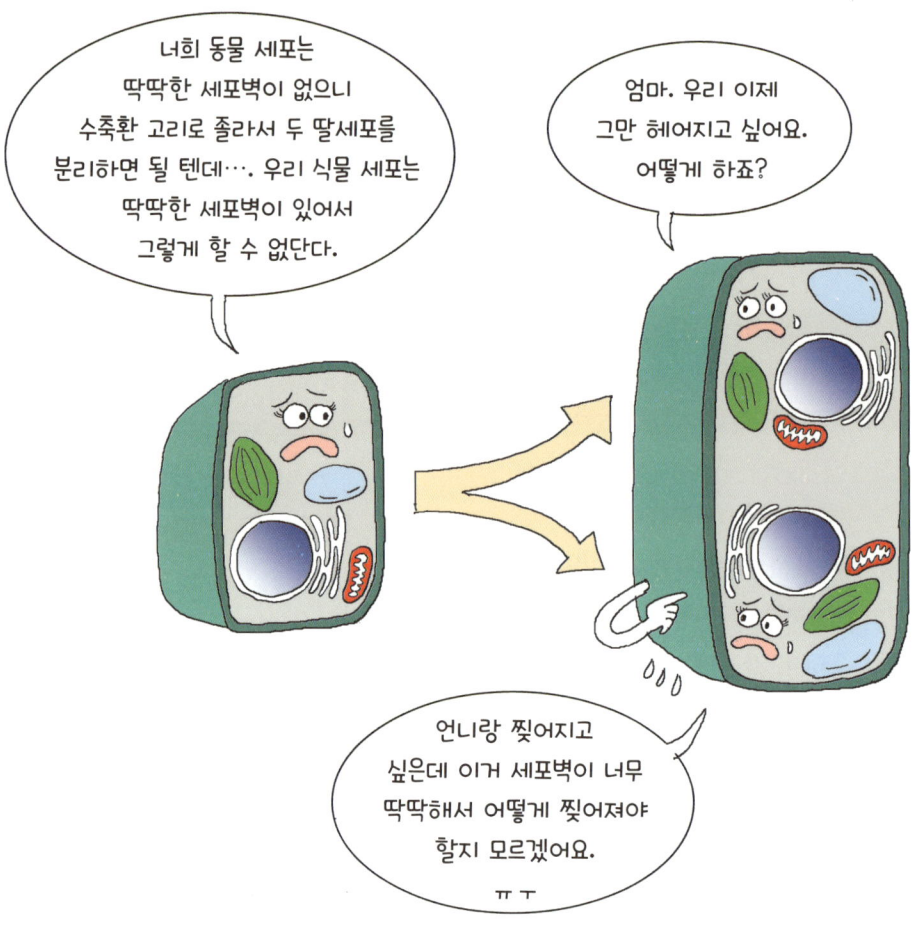

식물 세포의 딸세포를 나누기 위한 세포판은
골지체에서 나온 수송소포의 내용물들이 모여서 만들어진다.

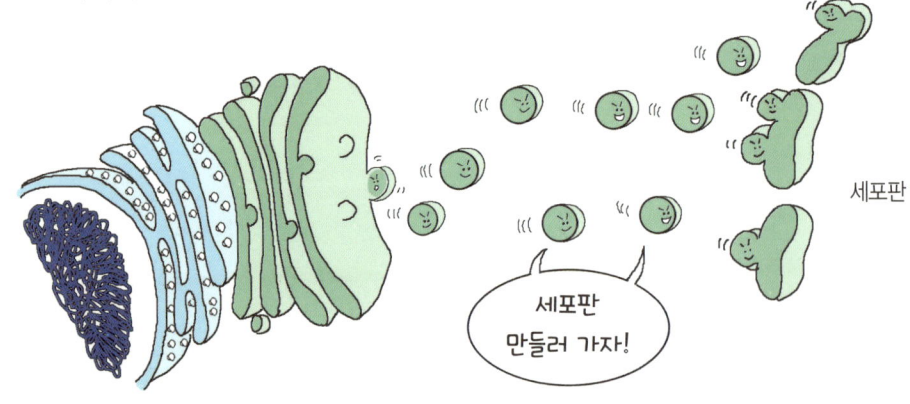

수송소포 안에는 세포막을 만들기 위한 성분, 세포벽을 만들기 위한 성분이 모두 들어있어서 수송소포가 융합되면서 두 딸세포 사이에 새로운 세포벽이 생성된다.

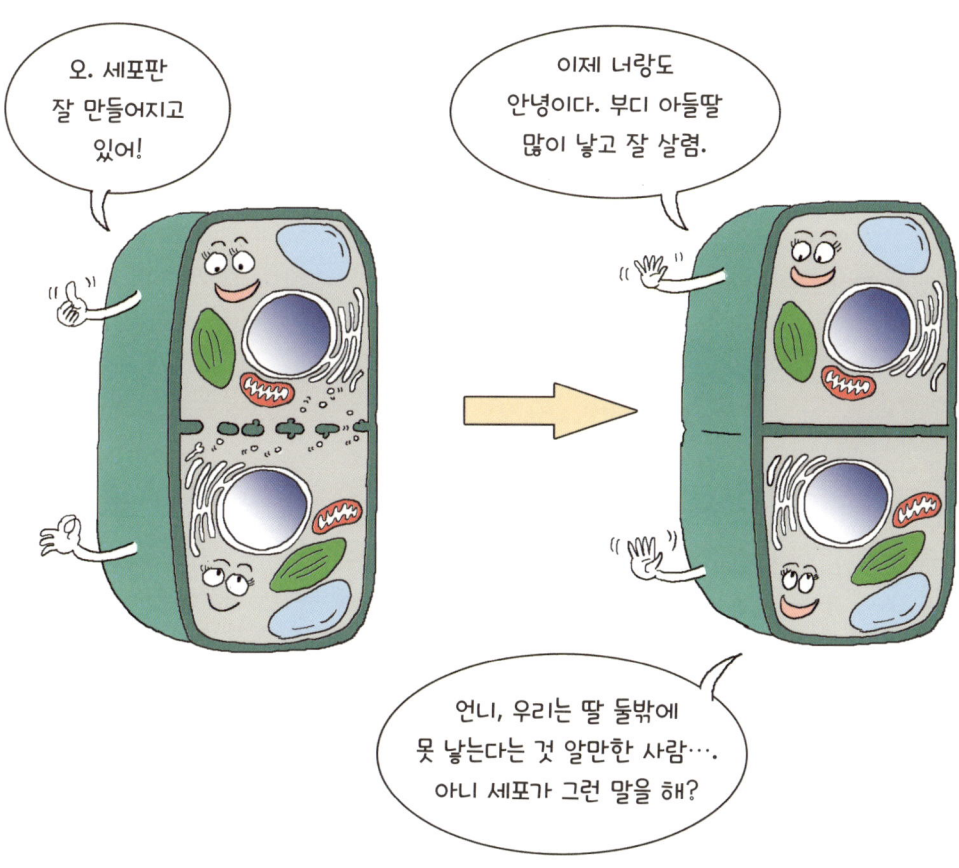

이렇게 세포 분열이 끝나게 되면 생겨나는 두 개의 딸세포는 다시 G1기부터 세포주기를 반복한다.

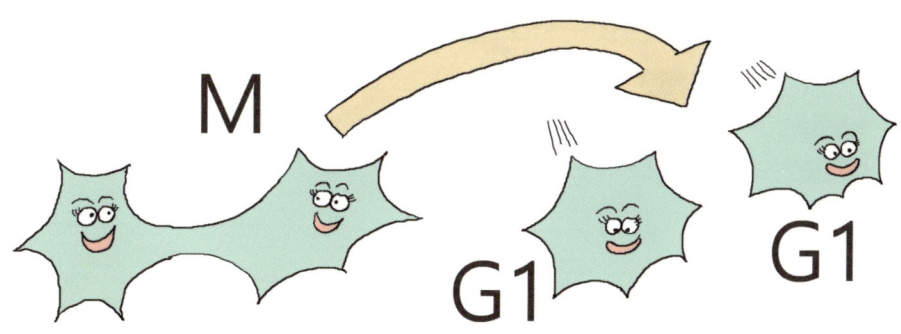

 **더 알아보기**

# 방학 시간 계획표와 비슷한 세포주기 파이 차트

요즘 초등학생들도 그런 것을 방학 때 그리는지 모르겠습니다만, 제가 어렸을 때는 방학 숙제 중 하나가 '방학 시간 계획표'라는 파이 차트를 만드는 것이었습니다. 컴퍼스를 이용하여 동그랗게 원을 그리고 원주를 24로 나눈 후 몇 시부터 몇 시까지는 잠, 몇 시부터 몇 시까지는 놀기, 공부 등을 채워 넣고 크레파스로 칸마다 다른 색을 칠해서 책상 앞에 붙여놓았었지요.

물론 그 표의 계획대로 실천한 날은 하루도 없었던 것 같습니다. 앞에서 배운 세포주기의 파이 차트도 작가가 어린 시절 그리던 방학 시간 계획표와 많이 닮았습니다. 방학 시간 계획표에서는 가장 큰 파이 조각이 '잠'이었지만 세포주기의 가장 커다란 파이 조각은 G1기지요. 방학 시간 계획표는 그대로 지키는 학생들이 거의 없었지만 세포는 이 세포주기를 정확하게 지킵니다. 이 세포주기의 각 부분에 계획된 일들을 완벽하게 수행하지 않으면 다음 단계로 넘어갈 수도 없습니다. 방학 시간 계획표의 '잠' 앞에 '공부'를 2시간 그려넣었다면 '공부'를 2시간 하지 않고서는 '잠'을 잘 수 없는 것이지요. 세포주기는 더욱 더 엄격하여 똑같은 2시간이더라도 '공부'와 '게임'의 순서를 서로 바꿀 수는 없습니다. 그랬다가는 세포 안의 모든 프로세스가 다 꼬여서 세포의 기능이 마비되어 결국 사멸하게 됩니다.

본문에서 CDK와 사이클린이라는 세포주기의 조절을 담당하는 단백질들에 대해 배웠습니다. 무척 생소한 개념들이지요? 세포는 세포주기를 아주 정밀하게 조절하기 위해 이 CDK와 사이클린의 활성이나 단백질 양을 조절하는 아주 복잡한 메커니즘을 가지고 있습니다. 이러한 복잡한 과정은 한 단계가 아니고 여러 단계에 걸쳐서 조절되지요. 회사에서 간단한 일은 과장님 결재로만 끝나지만 아주 중요한 일은 과장님, 부장님, 사장님 결재라는 복잡한 단계가 모두 필요하지요. 세포주기의 진행도 세포로서는 '이보다 더 중요한 일은 없다'고 할 정도로 가장 중요한 일이므로 아주 복잡한 여러 단계를 다 확인한 후 진행합니다. 방학 시간 계획표에 따라 11시에 잠자리에 들려면 꼭 정해진 시간에 맞춰 아침, 점심, 저녁 세 끼를 먹고 계획한 일들을 약속한 시간에 다 맞춰서 진행해야만 잠을 잘 수 있는 것을 상상하시면 될 것 같아요. 그만큼 세포주기의 진행은 대충 수행하면 절대 안 되는 과정이랍니다.

 **세포주기 관련 유튜브 링크 'The Cell Cycle'** by Nucleus Biology

# 세포 신호전달

우리들이 서로 스마트폰으로 연락을 주고받듯이 세포들도 신호전달물질을 주고받아 의사를 전달한다. 세포 표면의 안테나 역할을 하는 수용체가 받은 신호가 세포 안으로 어떻게 전달되는지 알아보자.

세포는 끊임없이 외부로부터 신호를 받아서 그 신호에 반응한다.

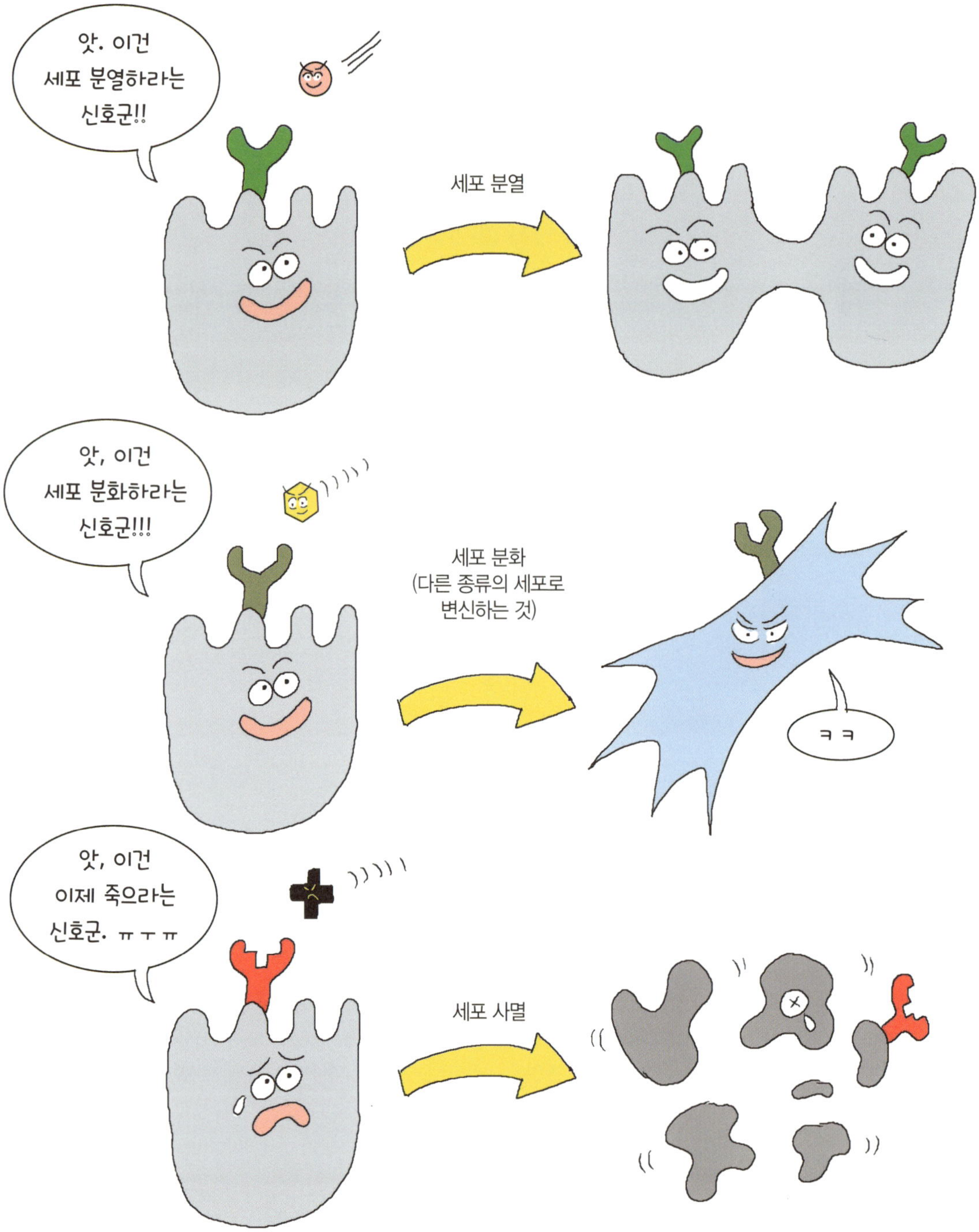

세포는 눈이 없고 귀도 없고 입도 없기 때문에 외부로부터
신호를 받을 필요가 있을 때 신호전달물질을 통해 신호를 받는다.

신호전달물질은 다른 세포가 외부로 분비하는 것으로
확산에 의해 퍼져서 다른 세포에 신호를 전달할 수 있다.

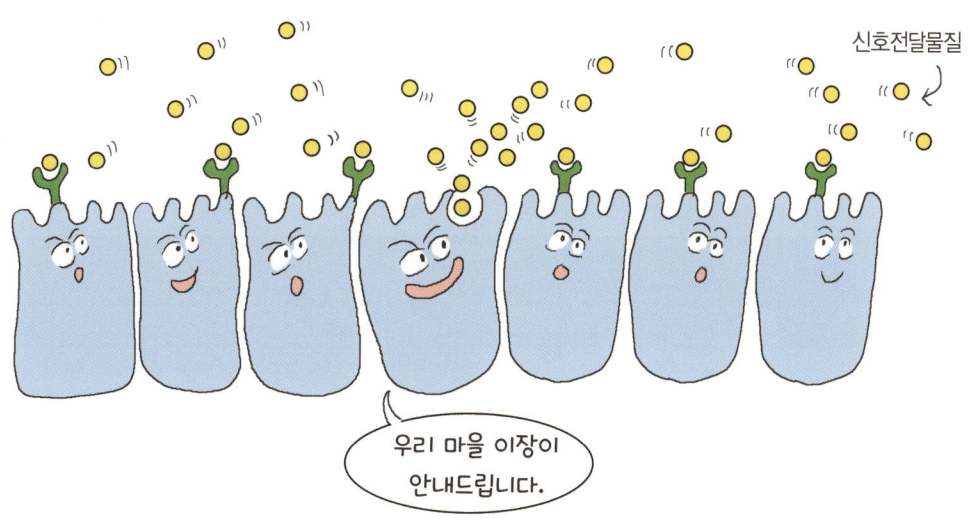

신호전달물질은 확산을 통하여 멀리 다른 세포에게 퍼져 나가야 하기 때문에 크기, 즉 분자량이 작은 물질이 주로 사용된다.

신호전달물질이 결합하는 세포 위의 안테나와 같은 역할을 하는 것을 '수용체(receptor)'라 한다.

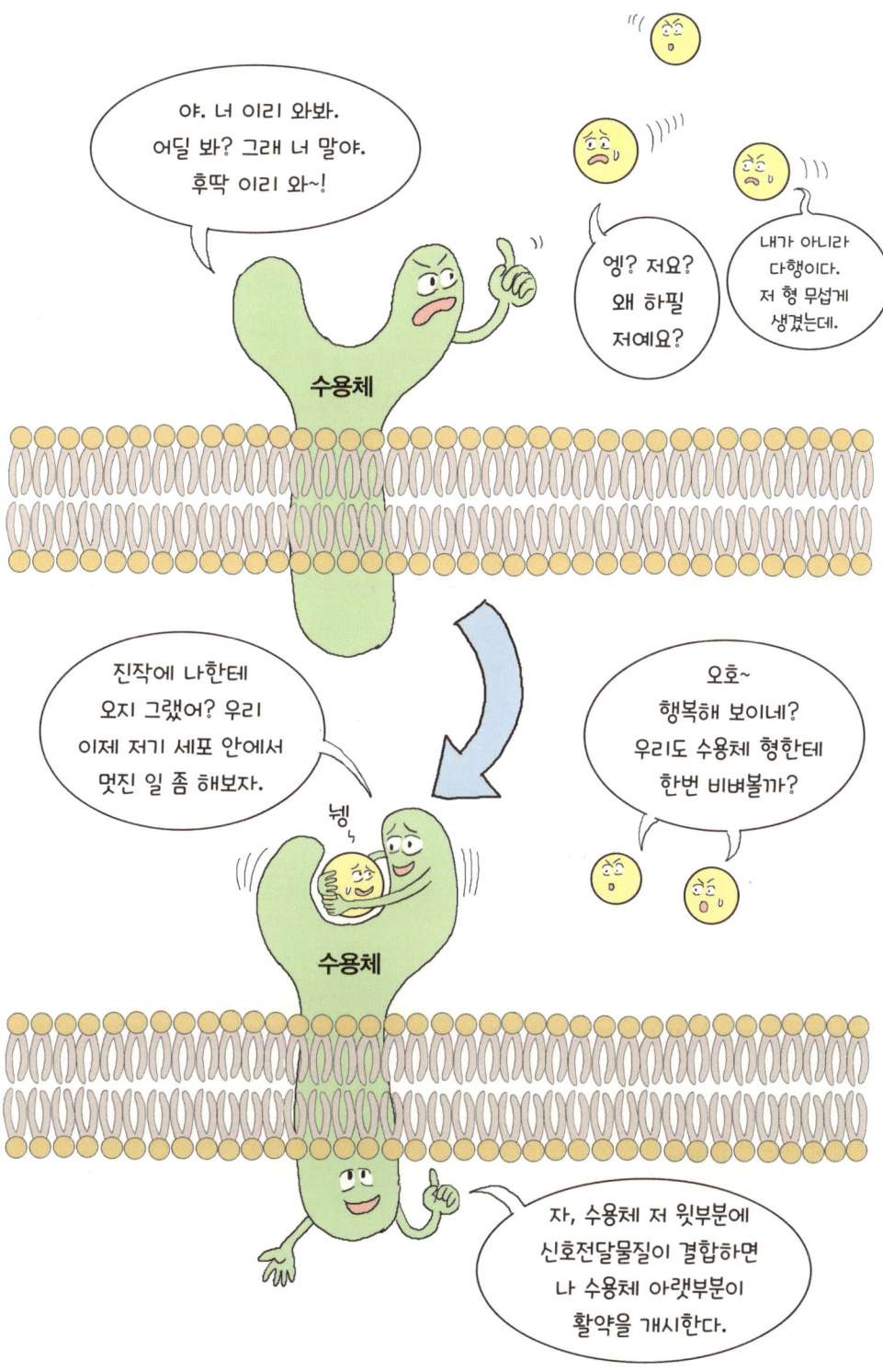

세포 외부에서 신호전달물질과 결합한 수용체는 세포 내부로 외부의 신호를 전달한다.

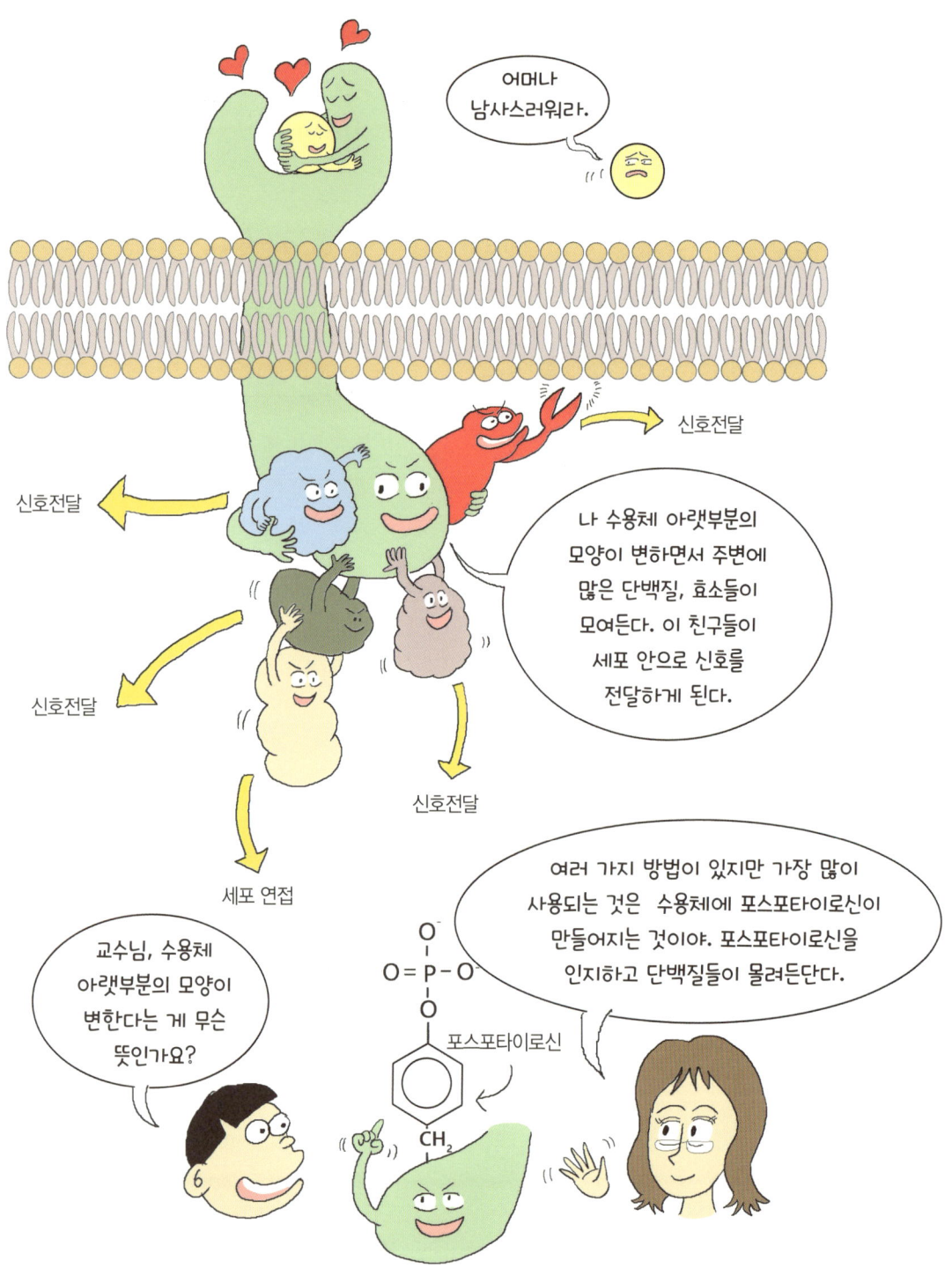

세포 내부에서 신호전달에 관여하는 단백질들은
세포 안에서 '2차 신호전달물질'을 만들어낸다.
이 2차 신호전달물질은 세포 내부로 외부의 신호를
간접적으로 전달하게 된다.

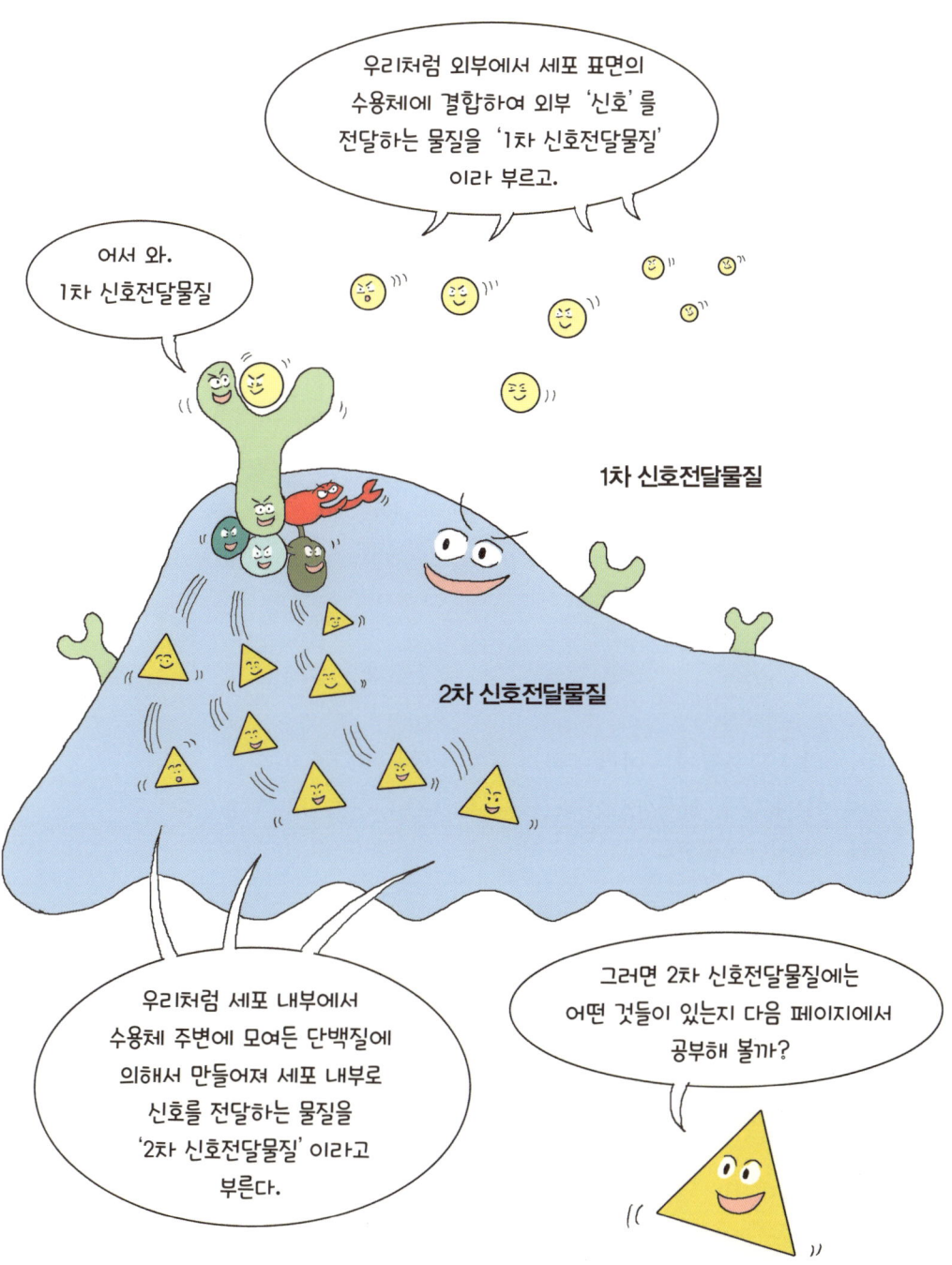

2차 신호전달물질도 세포 내부에서 빠르게 확산에 의해서 움직여야 하므로 크기가 작다.

2차 신호전달물질에는 여러 종류의 분자가 있는데 금속 이온인 칼슘 이온($Ca^{2+}$), 활성산소인 과산화수소($H_2O_2$), 산화질소(NO) 등도 2차 신호전달물질이다.

그외의 2차 신호전달물질로는 세포막을 이루는 인지질의 한 종류인 이노시톨인지질로부터 만들어지는 이노시톨 3인산($IP_3$), 다이아실글리세롤(DAG), 그리고 ATP로부터 만들어지는 고리AMP(cAMP) 등이 있다.

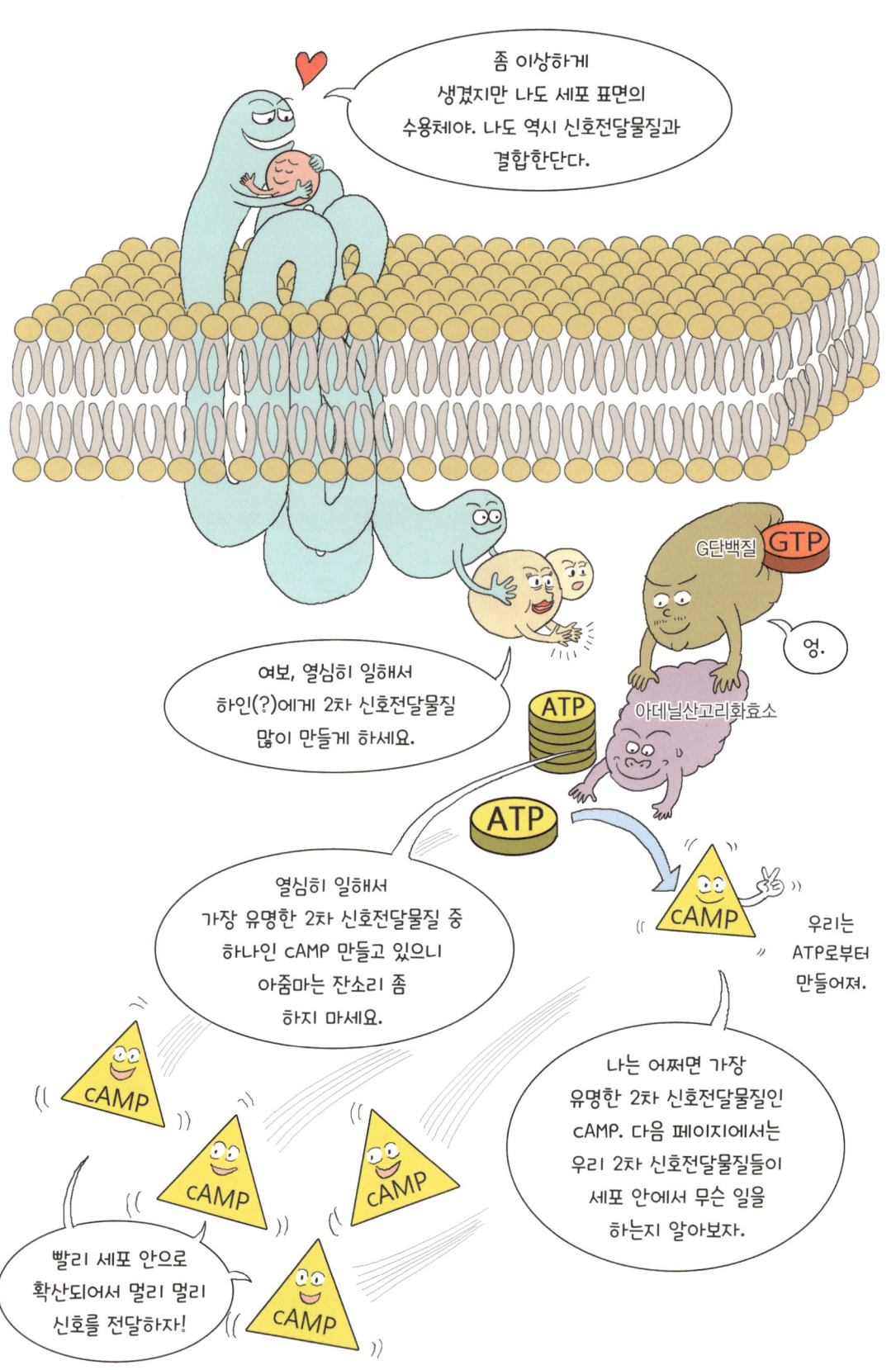

그렇다면 이런 다양한 2차 신호전달물질이 세포 안에서
신호전달을 위해 하는 일은 무엇일까?

이들 2차 신호전달물질은 다양한 방법을 통해
세포 안에서 '단백질인산화효소'를 활성화시킨다.

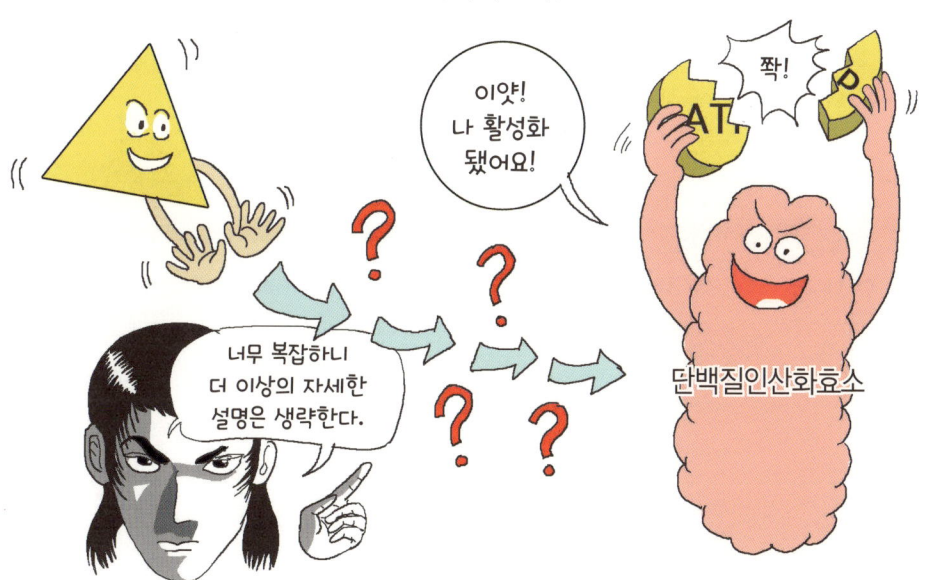

그럼 '단백질인산화효소'란 무엇일까?
단백질인산화효소가 도대체 뭘 하는 놈이기에 이들을
활성화시키기 위해 세포 내 신호전달이 일어나는 걸까?

'단백질인산화효소'는 ATP를 ADP와 Pi(무기인산)으로 분해하여
인산을 다른 단백질에 붙이는 효소이다.

'인산(phosphate)'은 다음과 같이
인(P) 원자와 산소(O) 원자로 이루어져 있다.

단백질에 인산이 붙는 현상을 '인산화(phosphorylation)'라고 하는데 인산이 단백질에 붙으면 인산의 음전하 때문에 단백질의 구조가 약간 변할 수 있어서 단백질 인산화는 단백질의 활성을 조절하는 방법으로 많이 쓰인다.

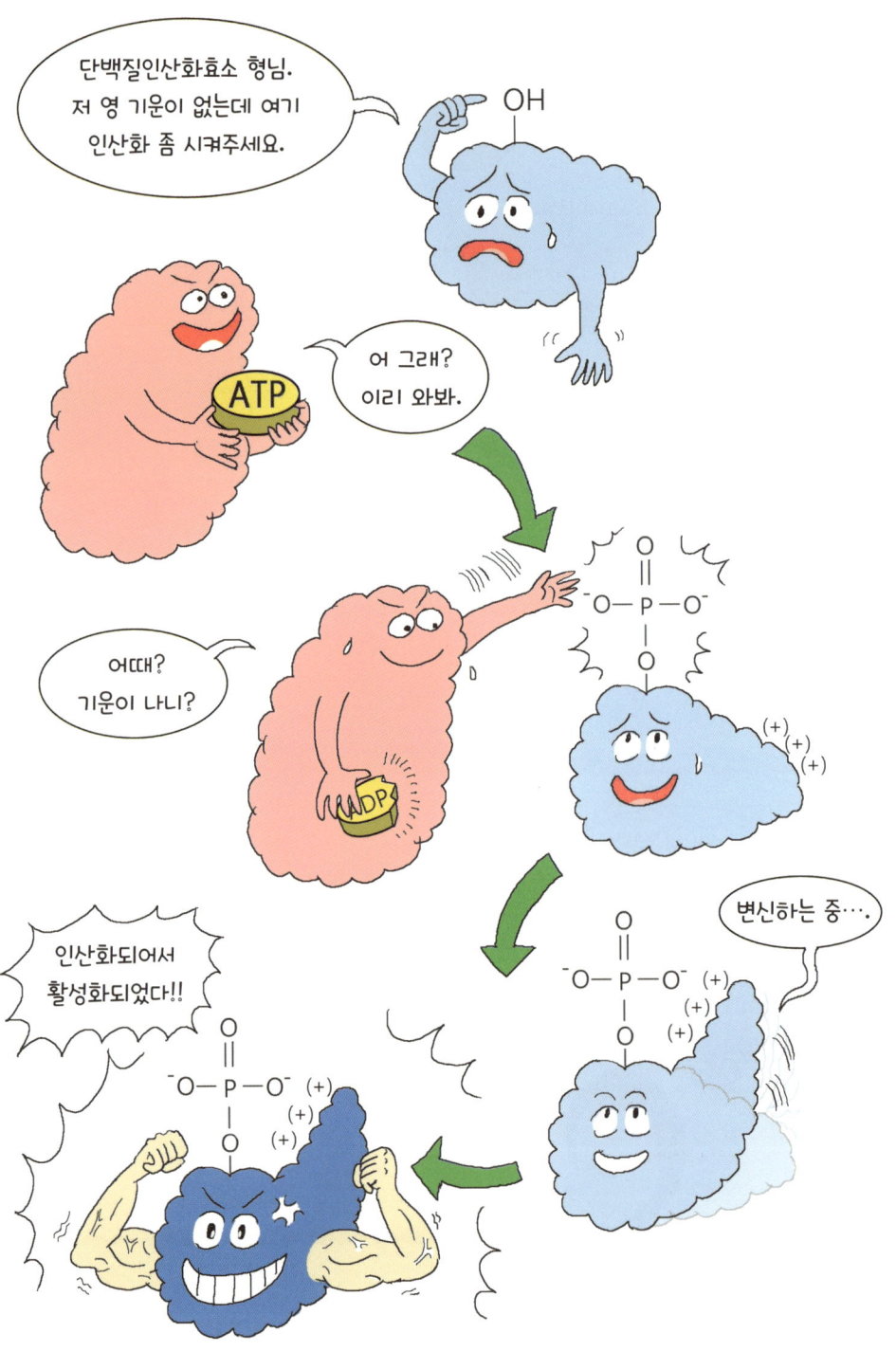

단백질 인산화는 항상 단백질을 활성화시키는 것은 아니고 어떤 단백질은 인산화에 의해 불활성화되기도 한다.

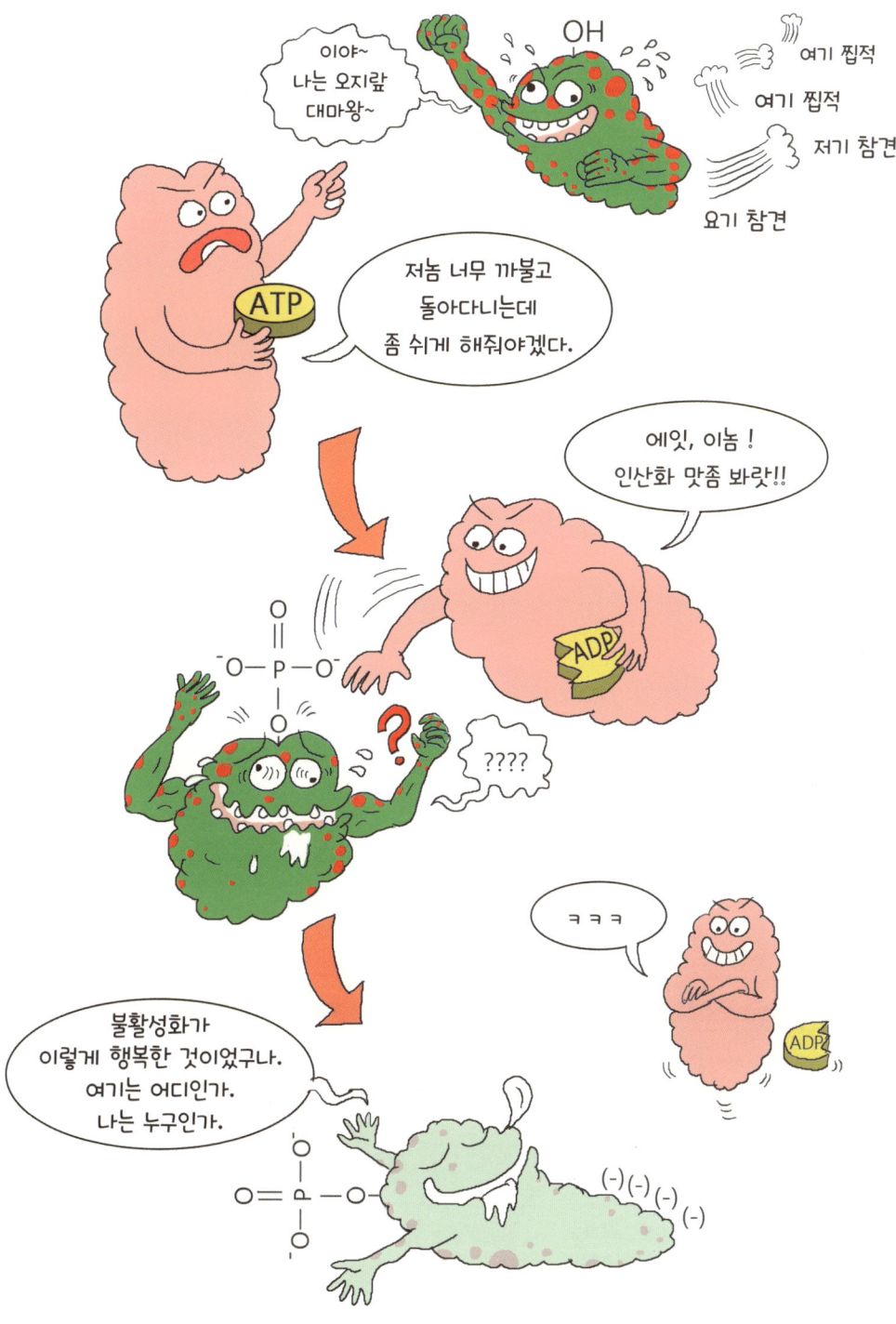

단백질인산화효소는 세포 안에 아주 많은 종류가 있다.

G Manning, DB Whyte, R Martinez,
T Hunter, S Sudarsanam (2002),
《Science》 298:1912-1934

앞에서는 이야기하지 않았지만 세포 표면에서 신호전달물질과 결합하는 수용체도 사실 인산화효소인 것들이 아주 많다.

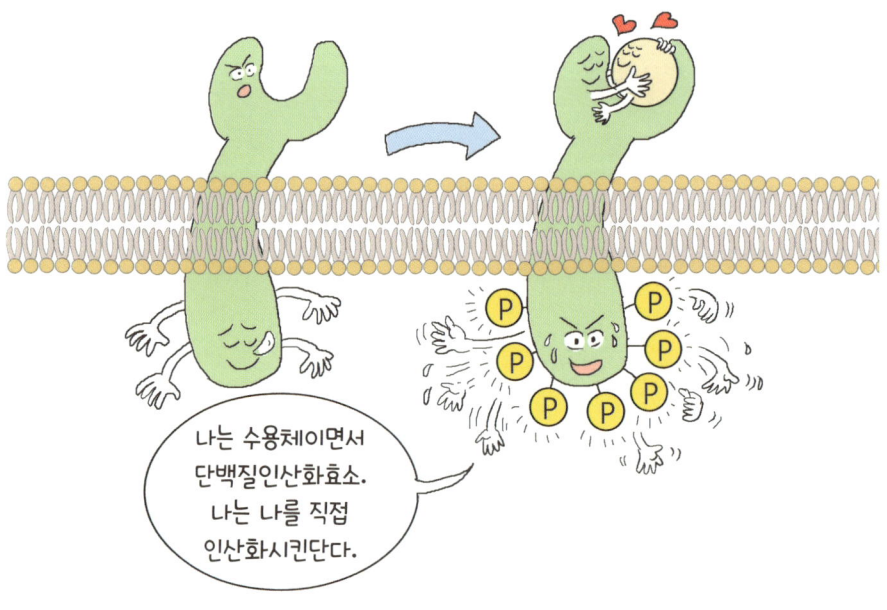

단백질인산화효소들은 세포 안에서 서로 서로를 인산화시키면서 여러 단계의 '단백질인산화효소 신호전달 단계'를 형성하기도 한다.

세포 안에서 여러 단계의 '단백질인산화효소 신호전달 단계'가 있는 이유는 세포 외부의 신호를 증폭시키기 위함이다.

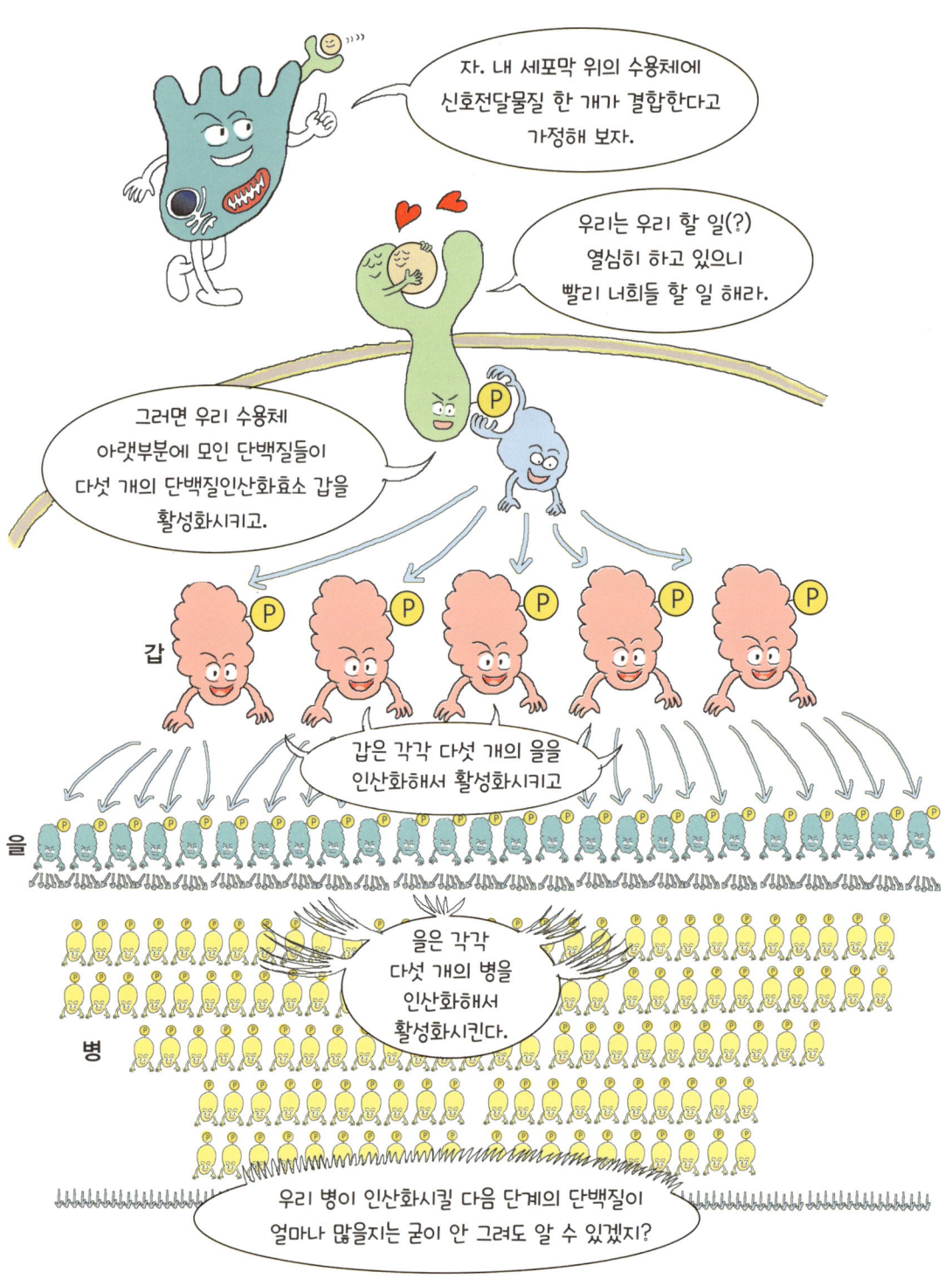

궁극적으로 단백질인산화효소에 의해서 활성화된 단백질은
세포 내의 여러 반응을 촉매하는 효소로 작용하거나
세포 핵 안으로 이동하여 유전자 발현을 시킨다.

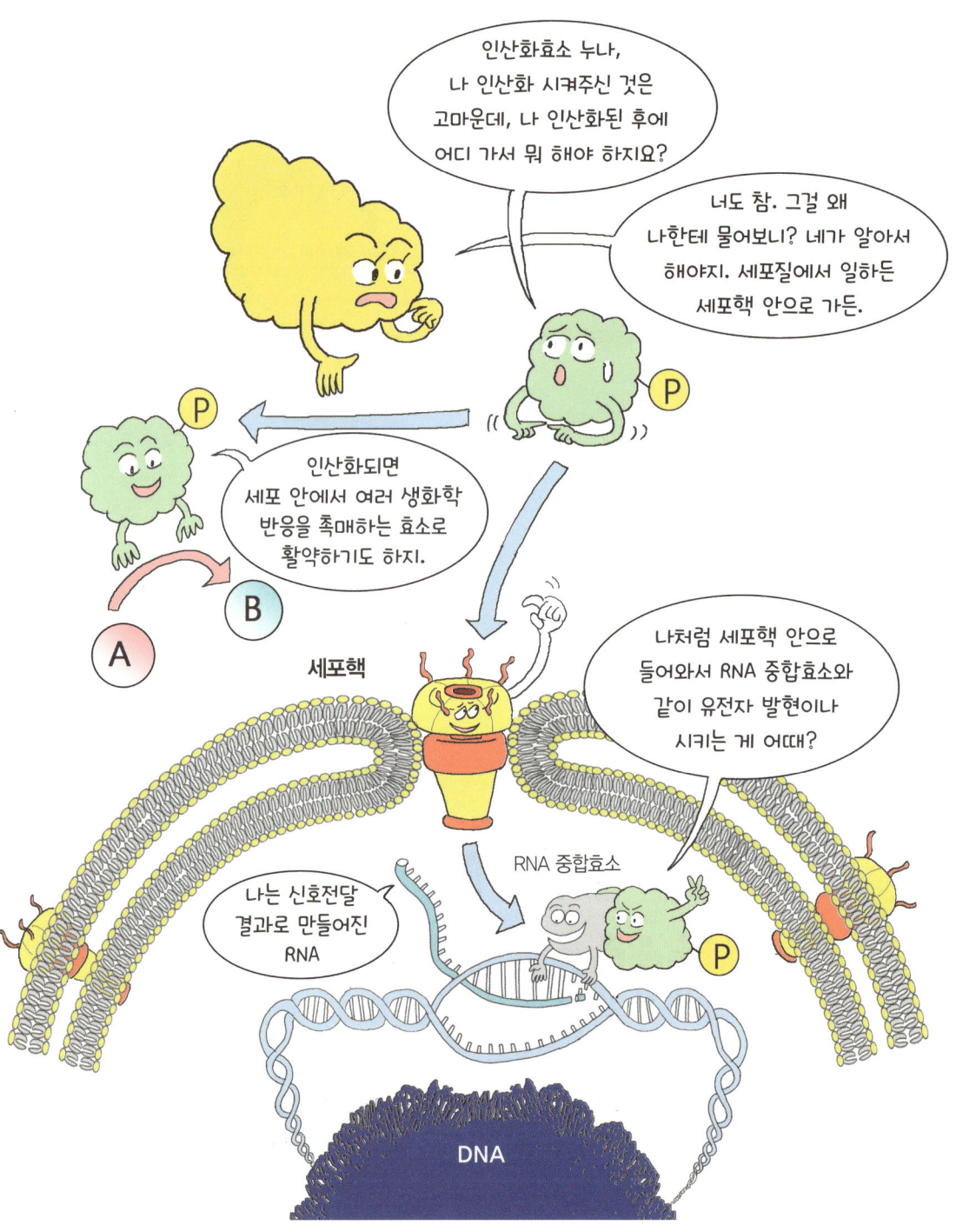

이렇게 신호전달 과정에 의해 활성화된 단백질들이 세포 안에서
효소로 작용하여 촉매하는 생화학 반응 또는 단백질들이 세포핵 안으로
이동하여 발현하는 유전자에 의해 신호전달의 궁극적인 출력인
여러 세포 반응이 이루어지게 된다.

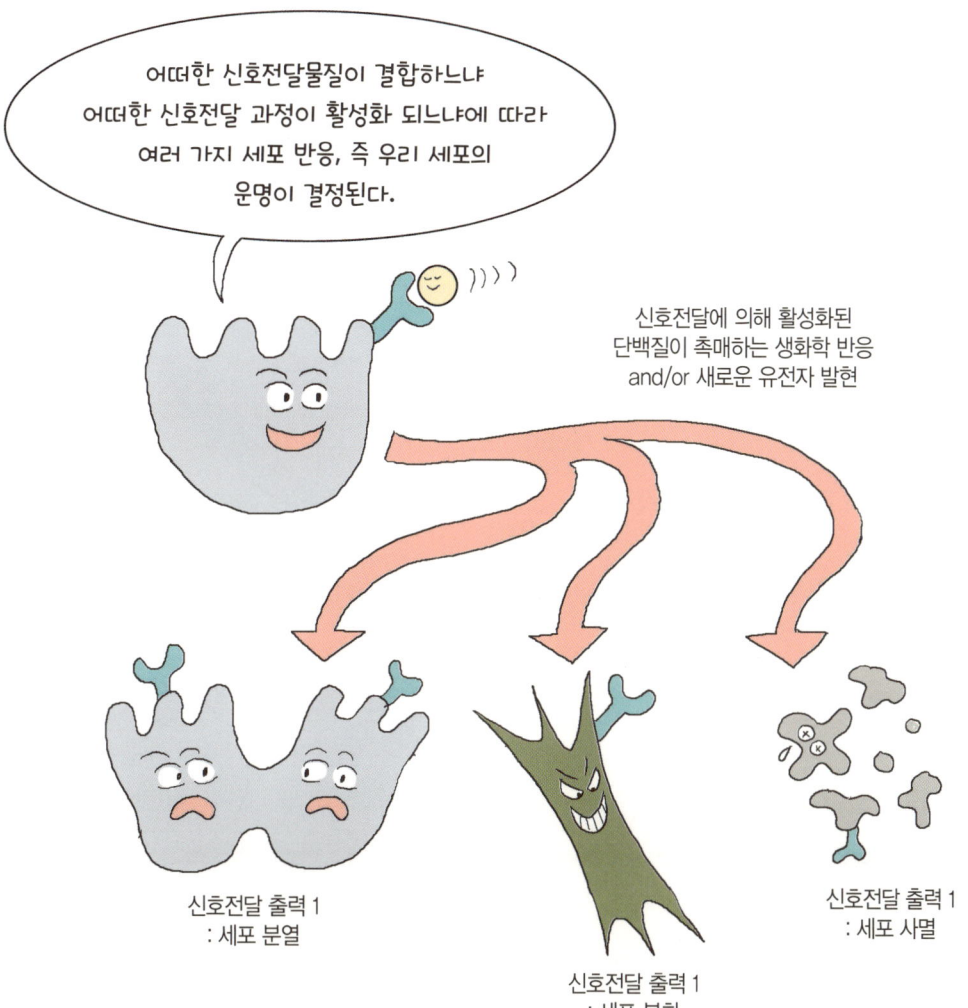

지금까지는 주로 단백질인산화효소에 의해서 이루어지는 세포 내 신호전달에 대해 알아보았는데 실제로 세포 내에서는 단백질인산화효소뿐 아니라 다른 여러 가지 독특한 단백질들에 의해 신호전달이 이루어지는 경우도 많다.

지금까지 배운 신호전달 과정은 사실 아주 간단하게 원리만 묘사한 것으로 실제로 세포 내에서는 무지하게 많은 종류의 2차 신호전달물질, 단백질인산화효소, 여러 다른 효소와 단백질 등이 아주 복잡한 네트워크를 형성하여 세포 외부의 신호를 세포 내로 전달하여 궁극적인 세포 반응을 이끌어낸다.

## 눈도 귀도 입도 코도 없는 세포들이 신호를 전달하는 방법

가족과 친구와의 연락도 다 끊고 자기 방에 들어앉아 몇 달 동안 게임만 하는 사람들을 주변에서 간혹 볼 수 있습니다. 하지만 대부분의 사람들은 주변의 친구들, 직장 동료들, 가족들과 끊임없이 직접 만나서 대화하거나 SNS 또는 인스턴트 메시지로 연락을 주고받습니다. 그렇게 해야만 정상적인 사회생활을 할 수 있기 때문이지요. 우리는 사회적 동물이니까요.

세포도 사람과 마찬가지로 주변의 세포와 같이 계속 어울려야지만 잘 살아나갈 수 있습니다. 간혹 실수로 세포 배양 접시에 아주 적은 개수의 세포를 넣어 배양하면 세포와 세포 사이가 너무 멀리 떨어져 있게 되어 세포가 잘 자라지 않고 죽는 경우가 많습니다. 세포가 주변의 세포와 소통을 하지 못한 것이지요.

세포는 과연 어떻게 서로 대화를 주고받을 수 있을까요? 눈, 코, 귀, 입이 모두 없는 세포는 말할 수도 없고 손짓 발짓을 할 수도 없으므로 서로 더듬어 만지거나 물질들을 분비하여 소통을 합니다. 한 세포로부터 분비되는 물질이 확산에 의해서 다른 세포 표면의 수용체에 결합하게 되면 이 두 세포 간에 일종의 신호를 주고받은 것이라 할 수 있습니다. 신호를 받은 세포는 그 신호에 따라 여러 가지 세포 내 반응을 불러일으키게 되지요. 세포 분열, 세포 분화, 세포 사멸 등 여러 가지 최종 반응이 이렇게 세포가 외부로부터 받은 신호에 의해 유도됩니다. 또한 이러한 신호가 세포 내부로 전달되는 과정은 본문에서 이야기하였듯이 단백질인산화효소 등 여러 가지 단백질과 효소에 의하여 아주 복잡한 경로를 따라 진행됩니다.

시곗바늘이 돌아가는 아날로그시계 내부를 분해해 본 적이 있으신가요? 아주 좁은 공간에 많은 톱니바퀴들이 빽빽하게 자리 잡고 각자 자기 위치에서 태엽 혹은 진동자에서 오는 신호를 시곗바늘로 전달합니다. 세포 내부의 상황도 이와 유사합니다. 세포 내부에는 거의 극성수기의 워터파크에 사람들이 가득 찬 것처럼 단백질과 효소, 기타 물질들이 빽빽하게 자리 잡고 있습니다. 이것들이 신호전달이라는 미리 계획된 경로에 의해 체계적으로 작동하여 외부의 신호를 세포 내부로 전달합니다.

**신호전달 관련 유튜브 링크** 'Intro to Cell Signaling' by Amoeba Sisters

 생명공학 연표

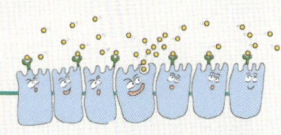

- **기원전 8000년**
  - 인간이 농작물과 가축을 경작하고 사육하기 시작
  - 최초로 감자를 식용으로 경작

- **기원전 4000~2000년**
  - 이집트에서 효모를 사용해 빵과 맥주의 발효 시작
  - 수메리아, 중국, 이집트에서 치즈를 생산하고 포도주를 발효시킴
  - 바빌로니아인들은 몇 그루 수술 나무의 꽃가루를 가지고 선별적으로 암술나무에 수정하여 대추야자를 생산

- **기원전 500년**
  - 중국에서 항생물질을 가진 곰팡이가 핀 두부로 종기를 치료

- **서기 100년**
  - 중국에서 최초로 살충제를 국화에 살포함

- **1322년**
  - 아랍에서 우성 말을 생산하기 위해 최초로 인공수정을 사용

- **1590년**
  - 얀센(Janssen), 현미경 발견

- **1663년**
  - 후크(Hooke), 세포의 존재 발견

- **1675년**
  - 레벤후크(Leeuwenhoek), 박테리아를 발견

- **1761년**
  - 쾰로이터(Koelreuter), 다른 종의 농작물을 성공적으로 이종교배 하였음을 보고

- **1797년**
  - 제너(Jenner), 아이들에게 천연두를 막기 위한 바이러스성 백신을 접종

- **1835~1855년**
  - 슐라이덴(Schleiden)와 슈반(Schwann), 모든 유기체는 세포로 구성되어 있다고 제안
  - 피르호(Virchow), "모든 세포는 세포에서 생겼다"고 선언

- **1857년**
  - 파스퇴르(Pasteur), 미생물들이 발효를 유발한다고 제안

- **1859년**
  - 찰스 다윈(Charles Darwin,) 자연 도태의 진화론을 발표 (1800년대 후반 유전학의 무지에도 불구하고 선택된 부모와 도태된 다양한 자손에 대한 개면은 동식물 사육사들에게 매우 큰 영향을 줌)

- **1865년**
  - 유전학의 연구 시작
  - 그레고어 멘델(Gregor Mendel), 오스트리아인 수도사인 그는 완두를 연구하여 유전법칙에 의해 유전적 특징이 부모로부터 자손에게 물려진다는 점을 발견함

- **1870~1890년**
  - 다윈 이론을 이용하여 면화를 이종교배하고 수백 가지의 우성품종을 개발
  - 최초로 농부들이 수확량을 늘리기 위해 농지에 질소고정 박테리아 미생물을 섞음
  - 윌리엄 제임스 빌(William James Beal), 최초로 실험실에서 실험용 옥수수 잡종 생산

- **1877년**
  - 코흐(Koch), 박테리아를 염색하고 동정하기 위한 기술 개발

- **1878년**
  - 라발(Laval), 최초로 원심분리기 개발

- **1879년**
  - 플레밍(Fleming), 후에 염색체라 불려지는 세포핵 안쪽의 봉 모양의 염색질을 발견

229

## 생명공학 연표

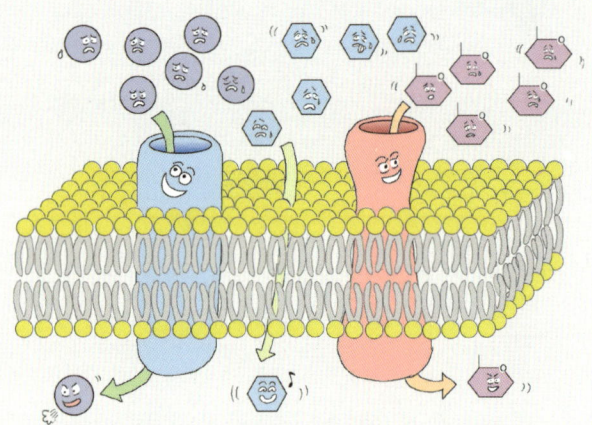

■ **1900년**
▶ 초파리가 유전연구에 사용

■ **1902년**
▶ 면역학이라는 용어가 처음으로 나타남

■ **1906년**
▶ 유전학이라는 용어가 소개됨

■ **1911년**
▶ 라우스(Rous), 최초로 암을 유발하는 바이러스 발견

■ **1914년**
▶ 최초로 박테리아를 영국 맨체스터의 하수처리에 사용

■ **1915년**
▶ 파지(Phage, 박테리아성 바이러스) 발견

■ **1919년**
▶ 최초로 생명공학(Biotechnology)이라는 단어가 출판물에 사용

■ **1920년**
▶ 에반스(Evans)와 롱(Long), 인간성장 호르몬 발견

■ **1928년**
▶ 알렉산더 플레밍(Alexander Fleming), 항생물질인 페니실린 발견
▶ 유럽에서 조명충 나방제를 위한 소규모의 바실러스 튜링겐시스(Bacillus thuringiensis(Bt)) 테스트 시작
▶ 1938년 프랑스에서 미생물 살충제의 상업적 생산 시작
▶ 카르페첸코(Georgii Karpechenko), 무와 양배추를 교배하여 서로 다른 속(屬)의 식물 사이에서 번식력이 강한 자손을 만듦
▶ 라이바흐(Laibach), 최초로 오늘날 이종교배라 알려진 광범위한 교배로부터 잡종을 얻기 위해 배구제(embryo rescue)를 사용

■ **1930년**
▶ 美의회에서 식물육종생산의 특허를 가능하게 하는 식물특허법(Plant Patent Act) 통과

■ **1933년**
▶ 1920년대 헨리 월리스(Henry Wallace)에 의해 개발된 잡종 옥수수가 상업화됨(1945년에는 엄청난 매출액은 증가된 연 종자구입비를 능가했고 잡종 옥수수는 미국 전체 옥수수 생산량의 78%를 차지)

■ **1938년**
▶ 분자생물학이라는 용어가 생김

■ **1941년**
▶ 유전공학이라는 용어가 폴란드 Lwow의 기술연구소에서 효모 복제에 관한 강의를 맡고 있는 덴마크의 미생물학자 A. Jost에 의해 최초로 사용

■ **1942년**
▶ 박테리아를 감염시키는 박테리오파지를 규명하고 확인하기 위해 전자현미경을 사용
▶ 페니실린을 미생물에서 생산함

■ **1944년**
▶ 에이버리(Avery)와 그 외 다른 사람들에 의해 DNA가 유전정보를 운반한다는 점이 입증됨
▶ 왁스먼(Waksman), 결핵에 효과적인 항생제인 스트렙토마이신(streptomycin)을 분리(추출)

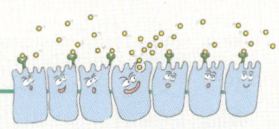

- **1946년**
  - 새로운 타입의 바이러스를 형성하기 위해 서로 다른 바이러스로부터 유전물질이 결합할 수 있다는 일종의 유전자 재조합이 발견
  - 유전적 다양성의 상실로 인한 위협을 인식한 미의회는 식물 수집과 보존 그리고 이러한 인식의 홍보에 막대한 자금을 제공함

- **1947년**
  - 폴링(Pauling), 겸상(鎌狀) 적혈구 빈혈증(흑인의 유전병)이 헤모글로빈 내 단백질 분자의 돌연변이로 야기된 '분자병'임을 밝혀냄

- **1951년**
  - 냉동정액을 사용한 가축의 인공수정이 성공적으로 수행됨

- **1953년**
  - 과학저널 《Nature》는 현대 유전학의 출발을 상징하는 DNA의 이중나선구조를 묘사한 제임스 왓슨(James Watson), 프란시스 크릭(Francis Crick)의 원고를 출판

- **1955년**
  - 핵산 합성에 관한 효소가 처음으로 추출됨

- **1956년**
  - 콘 버그(Kornberg), DNA 복제에 필요한 효소 DNA 중합효소 I(DNA polymerase I) 발견

- **1958년**
  - 겸상 적혈구 빈혈증이 단일 아미노산의 변화 때문에 발생한다고 밝혀짐
  - DNA가 처음으로 시험관에서 만들어짐

- **1959년**
  - 조직 살균제가 개발됨
  - 단백질 생합성의 첫 단계가 그려짐

- **1950년대**
  - 바이러스 증식억제 물질(interferon) 발견

- 최초 합성 항생 물질 개발

- **1960년**
  - 시냅시스(세포의 감수분열 초기에 있는 상동염색체의 병렬접착)를 이용해 DNA-RNA 잡종 분자가 만들어짐
  - 메신저 리보 핵산(Messenger RNA) 발견

- **1961년**
  - 美 농림부가 최초 미생물 살충제인 바실러스 튜링겐시스(Bacillus thuringiensis)를 등록함

- **1963년**
  - 노먼 볼로그(Norman Borlaug)에 의해 신품종 밀이 개발됨으로 인해 생산량이 70% 상승함

- **1964년**
  - 필리핀의 국제 벼 연구소(The International Rice Research Institute)는 새로운 품종을 개발하여 충분한 비료를 주면 이전의 생산량보다 2배 많은 수확량을 얻을 수 있는 녹색 혁명을 일으킴

- **1965년**
  - 해리스(Harris)와 와킨스(Watkins)가 성공적으로 생쥐와 사람 세포를 융합시킴

- **1966년**
  - 유전암호가 해독되고 일련의 3개의 뉴클리오티드가 하나의 아미노산을 결정한다는 사실이 밝혀짐

- **1967년**
  - 최초로 자동 단백질 서열 분석기 완성

- **1969년**
  - 처음으로 효소가 생체 외에서 합성됨

- **1970년**
  - 노먼 볼로그(Norman Borlaug), 노벨 평화상 수상(1963년 참조)

**생명공학 연표**

- ▶ 유전물질을 자르는 제한 효소(두 줄 사슬 DNA를 특정 부위에서 절단하는 효소)의 발견으로 유전자 복제의 장이 열림

■ 1971년
- ▶ 처음으로 유전자가 완벽하게 합성됨

■ 1972년
- ▶ 인간의 DNA 구성이 침팬지와 고릴라의 DNA와 99% 유사함이 발견됨
- ▶ 최초로 배이식(胚移植)이 시도됨

■ 1973년
- ▶ 스탠리 코언(Stanley Cohen)과 허버트 보이어(Herbert Boyer), 제한효소와 리가제(ligases)를 사용해서 DNA를 자르고 붙이는 기술과 박테리아에서 새로운 DNA를 복제하는 기술을 완성함

■ 1974년
- ▶ 미국 NIH는 유전자 재조합 연구를 총괄하기 위해 재조합 DNA 자문위원회(Recombinant DNA Advisory Committee) 구성

■ 1975년
- ▶ 최초로 미국 정부가 캘리포니아 애실로마 회의에서 유전자재조합실험을 규제하기 위한 가이드라인 개발을 주장함
- ▶ 단일클론항체가 생산됨

■ 1976년
- ▶ 유전자 재조합 기술이 유전 장애인에 최초로 적용
- ▶ 분자교배가 태아의 알파 탈라세미아(Alpha Thalassemia) 진단에 사용됨
- ▶ 효모의 유전자가 대장균(E.coli)에서 발현됨
- ▶ 최초로 특정 유전자의 염기쌍 순서가 결정됨(A, C, T, G)
- ▶ 미국 재조합 DNA 자문위원회(NIH Recombinant DNA Advisory Committee)에 의해 유전자 재조합 실험에 대한 가이드라인이 처음으로 발표

■ 1977년
- ▶ 인간유전자를 박테리아에서 처음으로 발현시킴
- ▶ 전기영동을 이용해 DNA의 긴 마디를 빠르게 나열하기 위한 연구수행

■ 1978년
- ▶ 바이러스의 고방사선 구조가 최초로 확인됨
- ▶ 재조합 인간 인슐린이 최초로 생산됨
- ▶ 미국 노스캐롤라이나 과학자들이 DNA 분자상의 특정 위치에 특정 돌연변이를 일으키는 것이 가능하다는 것을 보여줌

■ 1979년
- ▶ 최초로 인간성장 호르몬이 합성됨

■ 1970년대
- ▶ 유전공학 제품을 개발하기 위해 최초의 상업적 회사가 설립됨
- ▶ 폴리메라아제(polymerases)의 발견의 발견
- ▶ 뉴클레오티드(nucleotides)의 빠른 나열기술 완성
- ▶ 유전자 표적화
- ▶ RNA 잘라이음(splicing)

■ 1980년
- ▶ 다이아몬드 대 차크라바티(Diamond vs. Chakrabarty) 재판에서 미 연방법원은 유전자 재조합 생물형태에 대한 특허를 인정했으며, 엑슨모빌(ExxonMobil) 석유회사가 기름 먹는 미생물에 대한 특허 취득
- ▶ 미국 정부 유전자 복제에 대한 권한을 코헨과 보이어에게 부여
- ▶ 최초의 유전자합성 기계 개발
- ▶ 인간인터페론유전자를 박테리아로 형질전환(Transformation) 시킴
- ▶ 노벨 화학상이 유전자 재조합분자를 개발한 폴 버그(Paul Berg), 월터 길버트(Walter Gilbert), 프레더릭 생어(Frederick Sanger)에게 수여됨

- **1981년**
  - 오하이오 대학의 과학자들이 다른 동물의 유전자를 쥐에 이식함으로써 최초로 유전자 이식동물을 생산함
  - 중국의 과학자가 최초로 복제 물고기 금잉어를 만듦

- **1982년**
  - 미국의 어플라이드바이오시스템즈(Applied Biosystems 社)는 단백질 서열분석에 필요한 샘플의 양을 획기적으로 줄일 수 있는 상업적 가스 상 단백질 서열분석기를 발표
  - 가축을 위한 최초의 유전자 재조합 DNA 백신 개발
  - 유전적 변이를 거친 박테리아에서 생산된 인간인슐린이 미국 FDA로부터 최초의 생명공학 기술에 의한 의약품으로 승인 받음
  - 최초의 유전자 변형식물인 피튜니아 생산

- **1983년**
  - 중합효소연쇄반응(PCR) 기술이 소개(유전자와 유전자 조각의 복제를 위해 열과 효소를 사용하는 PCR 기술은 이후 유전공학에서의 연구와 개발에 광범위하게 쓰이는 중요한 도구가 됨)
  - TI 플라스미드(plasmid: 염색체와는 따로 증식할 수 있는 유전인자)에 의한 식물 세포들의 유전학적인 변형이 수행됨
  - 최초로 인공염색체 합성
  - 특정유전병 유발인자 발견
  - 생명공학기술을 이용해 피튜니아를 완전 성장시킴
  - 피튜니아 식물을 통해 유전자 변형식물의 새로운 특징이 자손에게 전달됨을 확인함

- **1984년**
  - DNA 지문검색 기술이 개발됨
  - HIV 바이러스의 전체 게놈이 복제되고 서열 결정됨

- **1985년**
  - 신장병과 낭포성 섬유증을 유발하는 유전인자 발견
  - 법적 증거로서 유전자 지문법이 도입
  - 최초로 곤충과 박테리아, 바이러스에 저항력이 있는 유전자 변형식물이 시험됨
  - 미국 NIH는 인간을 대상으로 하는 유전자 치료법 실험 수행에 대한 가이드라인을 정함

- **1986년**
  - 유전자 재조합 B형 간염 백신 최초 개발
  - 최초의 유전공학 항암치료제 인터페론 생산
  - 미국 정부는 유전자 재조합 유기체에 대해 전통적인 유전자 재조합 기술로 만들어진 제품에 적용된 규정보다 더 엄격한 생명공학기술 규제를 위한 협력 체계(Coordinated Framework for Regulation of Biotechnology) 규정 확립
  - California Berkeley 대학의 화학자가 신약을 개발하기 위해 항체와 효소를 결합하는 방법(abzymes) 제시
  - 유전자 변형식물(담배)의 실제 실험이 수행됨
  - 최초로 환경 보호국이 유전자 변형 담배의 판매를 승인

- **1987년**
  - 바이러스에 내성이 있는 토마토의 필드 테스트를 최초로 승인함
  - 캘리포니아에서 농작물의 서리 형성을 억제하는 유전자 변형 박테리아인 프로스트밴(Frostban)을 딸기와 감자를 통해 시험하였는데 이것이 처음으로 공식 승인된 유전자 재조합 박테리아 외부 실험임

- **1988년**
  - 미국 정부는 하버드대학 분자유전학자에게 유전자 변형동물 즉, 유전자 변형 쥐에 대한 특허권을 부여함
  - 세제에 사용할 수 있는 표백제 내성을 지닌 단백질 분해효소를 만드는 공정에 대한 특허권이 부여됨
  - 미국 의회가 다른 종의 게놈뿐만 아니라 인간유전자 암호를 해독하고 지도를 만드는 인간 게놈 프로젝트 연구비를 승인함

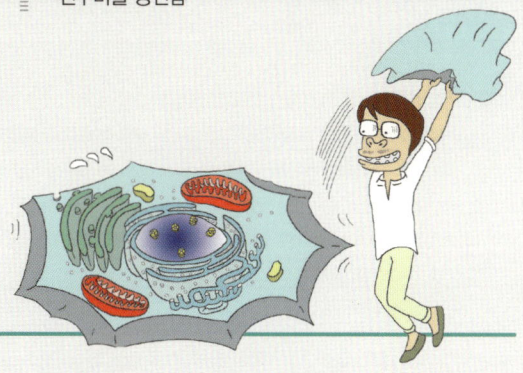

233

### 생명공학 연표

■ **1989년**
- 최초로 유전자 변형 해충방지 면화의 field test 승인
- 식물 게놈 프로젝트 시작

■ **1980년대**
- 진화의 역사를 밝히기 위한 DNA 연구 시작
- 유럽에서 유전자 재조합 동물백신의 사용 승인
- 기름 청소에 미생물을 이용한 생물학적 정화기술 사용

■ **1990년**
- 미국 최초로 유전자 재조합 기술을 이용하여 치즈 제조에 쓰이는 인공적으로 제조된 chymosin 효소인 키모신(ChyMax M1000)이 소개됨
- 인체의 모든 유전자 지도를 제작하려는 국제적인 노력인 인간 게놈 프로젝트가 시작됨
- 면역장애를 앓고 있는 4살 여자 어린이를 대상으로 실시한 유전자 치료가 성공적으로 수행됨
- 유아 조유용 우유 단백질을 만드는 유전자 변형 젖소 탄생
- 해충에 강한 옥수수인 Bt 옥수수 생산
- 영국 최초로 유전자 변형 효모식품이 승인됨
- 유전자 변형 척추동물 송어의 실지실험이 수행됨

■ **1992년**
- 미국과 영국의 과학자들이 시험관 내에서 배아에 낭포성 섬유증과 혈우병과 같은 유전적 기형을 테스트하는 기법을 밝힘
- 미국 FDA는 유전자 이식 음식이 유전적으로 위험하지도 않고 특별한 규정도 필요 없다고 선언함

■ **1993년**
- 미국 FDA, 낙농가의 우유 생산 촉진을 위해 BST(Borine Somatotropin)를 승인

■ **1994년**
- 미국 FDA, 생명공학으로 만들어진 플레이버 세이버 토마토(FLAVR SAVR Tomato, 무르지 않은 토마토) 승인
- 최초로 유방암 유전자 발견
- CF 환자의 폐에 단백질이 쌓이지 않게 하는 재조합 인간 DNase 승인
- 소 성장호르몬(POSILAC)이 상용화됨

■ **1995년**
- 에이즈 환자에게 최초로 비비의 골수가 이식됨
- 최초로 바이러스 이외의 살아있는 유기체(Hemophilus Influenzae)의 완벽한 유전자 배열이 완성됨
- 암 정복을 위해 면역시스템 모듈, 유전자 재조합 항체 형성과 같은 유전자 치료가 도입됨

■ **1996년**
- 파킨슨병과 관련된 유전자의 발견으로 퇴행성 신경질환의 잠재 가능한 치료와 그 원인 연구의 중요한 이정표를 제시함

■ **1997년**
- 스코틀랜드에서 어른세포로 복제된 최초의 복제양 돌리(Dolly) 탄생
- 해충방지 농작물인 라운드업 레디(Roundup Ready) 콩과 볼가드(Bollgard) 해충방지 면화와 같은 작물이 상업화됨
- 아르헨티나, 호주, 캐나다, 중국, 멕시코와 미국 등 전 세계적으로 500만 에이커 면적에서 유전자조작 작물이 재배됨
- 오리건주 연구자들은 두 마리의 붉은 털 원숭이를 복제했다고 주장함
- 유전병 연구의 새로운 기술을 창조하기 위해 PCR, DNA 칩과 컴퓨터를 결합한 새로운 DNA기술 탄생

### 1998년
- 하와이대학 연구진이 어른의 난소 적(cumulus)세포 핵으로부터 쥐를 복제함
- 인간 배아줄기세포주가 확립됨
- 일본 Kinki 대학 연구진은 한 마리 어른 암소로부터 얻은 세포를 이용하여 8마리의 동일 송아지 복제함
- 최초로 C. elegans 벌레에 대한 동물 게놈 염기서열 해독 완료
- 3만 개 이상의 유전자 위치를 보여주는 인간 게놈지도의 초안 완성
- 동남아시아 다섯 나라가 병에 강한 파파야 나무를 개발하기 위해 컨소시엄을 구성

### 1990년대
- 최초로 영국에서 유전자 지문법을 이용해 유죄를 판결함
- 규정 질량의 일반적 융기에 착상된 유전자 분리 성공
- 유전성 대장암이 DNA 치료 유전자의 결핍으로 야기된다는 사실 발견
- 유전자 재조합 광견병 백신을 너구리에 실험
- 미국에서 농약을 기본으로 한 생명공학 제품판매 승인
- 특수이식 유전자를 가진 쥐에 관한 특허 허용
- 최초로 유럽에서 발암물질에 민감한 유전자 변형 쥐에 관한 특허 제기
- 유방암 유전자 복제

### 2000년
- 최초로 애기장대(학명 Arabidopsis thaliana)의 게놈지도 개발
- 13개 나라에서 총 1억 89만 에이커 면적에서 생물공학 농작물이 재배됨
- 최초로 바이러스에 강한 고구마가 케냐에서 실질 시험됨
- 인간게놈 배열의 초안 발표

### 2001년
- 최초로 벼 게놈지도 완성
- 오스트리아 연구진들은 보리황색왜성바이러스(Barley yellow dwarf virus(BYDV))와 같은 바이러스 예방 백신에 사용되는 hairpin RNA를 이용한 기술개발을 보고함
- Chinese National Hybrid 연구진들은 일반 쌀 생산량보다 두 배 많은 super rice종 개발을 보고함

- 유럽위원회(The European Commission)가 모든 유전자 변형 식품에 라벨을 붙일 것을 제기함
- 농업적으로 중요한 시노라이조비움 멜리로티(Sinorhizobium meliloti) 박테리아의 DNA 배열 완성
- 염분이 있는 물과 땅에서 성장 가능한 최초의 농작물을 만들기 위해 애기장대로부터 추출된 유전자를 토마토에 이식함
- 농업에 중요한 식물병원균 아그로박테륨(Agrobacterium tumefaciens)의 게놈서열이 공표됨
- 스트레스에 더 강한 농작물 개발의 실마리로서, 손상을 입거나 스트레스를 받았을 때 빛을 발하는 세일 크레스(thale cress)라 불리는 실험용 식물 재배
- 최초로 땅콩의 종합적 분자지도가 완성됨

### 2002년
- 완성된 인간 게놈 배열을 과학전문지에 게재함
- 효모의 프로테옴(Proteome: 단백질 간 상호작용과 네트워크의 총합)의 기능지도(functional map)의 초안 완성, 효모의 게놈지도는 1996년에 발표되었음
- 줄기세포의 분화에 관여하는 조절인자 연구에 큰 발전이 있었으며, 이에 관여하는 200여 개의 유전자가 밝혀짐
- 생명공학 농작물이 16개국, 1억 4,500만 에이커에서 재배되고 있으며 이는 2001년보다 12% 증가한 것임
- 자궁경부암에 대한 백신 개발에 성공하였으며 이는 특정 암에 대한 예방백신이 가능함을 처음으로 보여준 성과임

### 2003년
- 인간게놈 완전 해독(4월)
- 정신분열증과 우울증 등 정신병의 발병 위험을 증가시키는 특정 유전자 변형을 확인한 연구결과 발표
- 美 최초의 GM 애완동물로 광고된 붉은 빛 형광물고기 글로피시(GloFish) 상업화
- 세계적으로 생명공학작물 이용의 활성화 증대
- 영국은 최초로 상업적인 생명공학작물인 제초제 저항 옥수수를 인정
- 미국 환경 보호국은 최초로 형질전환 해충저항성 옥수수를 승인함
- 2003년 반텡(Banteng) 들소가 최초로 복제되었으며, 노새, 말, 사슴도 복제되었음

- 1997년 포유동물의 최초 복제양 돌리는 폐병연구 후에 안락사 됨
- 일본 연구팀은 자연적으로 카페인을 제거하는 생명공학 커피를 개발함
- RNA 형태는 유전자 형식을 지시, 변형시키며 줄기세포와 배(胚)의 성장에 영향을 미침을 밝힘
- 쥐의 배 세포줄기가 정자나 난자 세포로 성장할 수 있음을 확인
- 남성을 결정짓는 Y염색체가 동일한 유전자를 함유하고 있음을 발견
- 종양으로 하여금 암의 전이에 필요한 혈관을 생성하지 못하도록 하는 약물의 개발

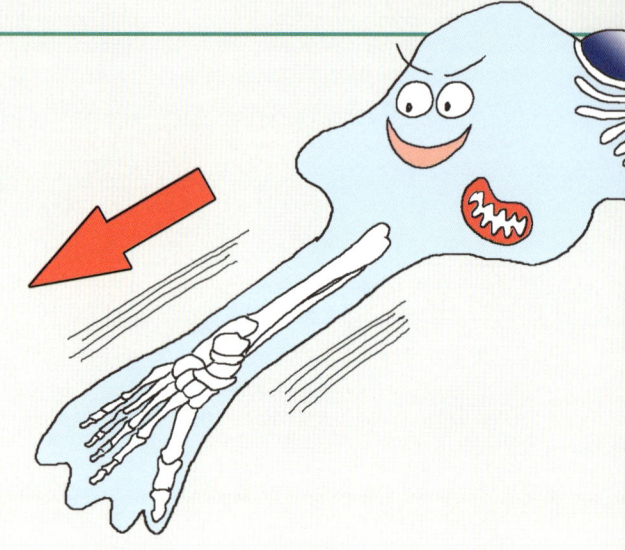

### 2004년

- 미국 식품의약국(FDA)은 아바스틴이라는 최초의 신세대 항암제를 승인함
- FDA는 다양한 종류의 약물치료와 질병을 위해 첫 DNA칩 및 유전자칩 개발
- RNA 방해 제품으로, 임상 시험에 들어가는 첫 번째 RNAi(RNA interference, RNA 간섭) 제품 생산
- 국제연합 식량농업기구(FAO)의 생명공학 작물 승인
- 국립과학연구원 산하 의학연구소에서는 '생명공학작물이 건강에 해를 끼치지 않는다.'라고 밝힘
- FDA는 식품안전성 검토 후 생명공학 밀의 안전성 밝힘
- 몬산토사는 지방산을 감소 삭제한 저 리놀레닉(low-linolenic) 콩을 소개함
- 닭 게놈 DNA 완전 해독
- 최초로 애완 새끼고양이 복제
- '쓸모없는 DNA(junk DNA)' 규명
- 인간의 유전자 DNA 중 단백질을 합성하는 DNA는 전체 게놈의 10%에 불과 하며 아무런 기능이 없는 DNA에 대한 규명 이루어짐
- 지난 3월 영국의 과학자들, 지난 20년간 나비 58종의 개체 수가 71% 줄었으며, 조류는 54% 감소했다고 보고
- 新의약품 개발 활발
- 유엔(UN), 대학, 민간자선단체, 제약업체 등 공공단체와 민간기업이 손을 잡고 미개발국의 환자를 위해 의약품을 개발하는 새로운 움직임이 일어남
- 미생물 게놈 추출 성공, 인간게놈프로젝트 주역인 미국 크레이크 벤터 박사는 3월 사이언스에 바닷물에서 미생물 게놈을 추출해 10억 5,000만 염기쌍을 한꺼번에 분석하는 데 성공했다고 밝힘

### 2005년

- 게놈지도와 야외 관찰로 진화가 일어나는 복잡한 과정을 밝힘
- 유럽 호이겐스 탐사선이 토성의 달 타이탄에 착륙하고, NASA의 딥임팩트(Deep Impact)호가 혜성에 충돌한 실험 등
- 분자 생물학자들이 봄에 꽃이 다양한 색깔을 내게 하는 원리를 발견
- 위성과 지상망원경으로 도시 크기의 죽은 별들인 중성자별 관찰
- 정신분열증, 난독증, 안면경련증과 같은 뇌 신경질환 연구
- 외계에서 온 암석과 지구의 암석을 비교 분석한 결과 지구 생성에 대해 새로운 이론 설립
- 전압 개폐 칼륨 통로(Voltage-gated potassium channel)의 분자 구조 밝힘
- 인간 활동에 의한 지구 온난화의 증거 추가 발견
- 분자 생물학자들이 복잡한 시스템의 행태를 이해하기 위해 엔지니어 기술 이용
- 120억 달러 규모의 국제 핵융합 실험로(International Thermonuclear Ex-perimenta Reactor) 위치가 18개월의 논란 끝에 프랑스 카다라슈(Cadarache)로 결정

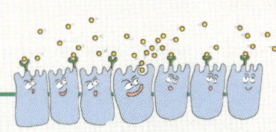

- ▶ Z 나선형 DNA와 B 나선형 DNA의 결합구조 규명, 네이처지 게재

■ 2006년
- ▶ 네안데르탈인 DNA 염기서열 분석
- ▶ 급진전되는 지구 온난화 전망 제기
- ▶ 땅 위를 걸어다닌 물고기 화석 발견
- ▶ 시력 감퇴 치료제 개발
- ▶ 생물 다양성의 재발견
- ▶ 최첨단 현미경 기술 개발
- ▶ 기억메커니즘 규명 단초 발견
- ▶ 마이크로 RNA와 siRNA보다 약간 긴 새로운 RNA를 발견
- ▶ 미연방정부 연구비 천만 달러를 받아 일리노이 대학 연구팀이 진행하고 있는 돼지 게놈 해독은 2년 안에 완성될 것으로 기대
- ▶ 미 부시 대통령이 상하원 합동연설에서 농업 폐기물로부터 바이오에탄올 생산 지원
- ▶ 미 NIH가 유방암 재발을 예측하기 위해 10년간, 만 명의 환자에 대해 유전자 검사를 실시하는 연구를 개시
- ▶ 미국 당뇨병 협회(ADA)가 농업 및 식량분야 생명공학에 대한 지원을 재확인
- ▶ 다우 사가 최초의 식물 생산 백신에 대한 허가를 취득
- ▶ 르네센(Renessen) 사가 생명공학 기술을 이용하여 유용성이 추가된 작물에 대해 최초로 동물 사료로 판매할 수 있는 허가를 취득
- ▶ USDA가 밀의 게놈연구를 위해 18개 대학 밀번식 컨소시엄에 연구비 오백만 달러 지원
- ▶ 오메가-3 지방산을 생산하는 형질전환 돼지 개발
- ▶ 세계무역기구는 EU가 21가지의 농업 생명공학제품에 대해 통상약정을 위반했다고 발표
- ▶ 프랑스 농무부가 생명공학 옥수수 및 담배 작물에 대해 17가지의 새로운 실지 시험을 허가
- ▶ 마이크로RNA의 초기프로세싱 기전 규명
- ▶ 암 발생 억제기능 SUSP4 유전자의 분리 및 작용 메커니즘 규명
- ▶ 저분자화합물을 이용한 세포노화의 가역적 재프로그래밍

■ 2007년
- ▶ AMPK 효소 항암기능 최초 규명. AMPK 활성화를 통해 대장암 세포가 정상으로 변화
- ▶ 체내 면역반응 조절 '브레이크 장치' 물질 발견
- ▶ 화성에 물 존재 증거 발견
- ▶ 자연계에 존재하지 않는 D-아미노산을 손쉽게 합성할 수 있는 신기술 개발
- ▶ 수명이 다하거나 손상을 입은 세포에 죽음의 신호를 보내는 메커니즘 규명
- ▶ 암 발병을 억제하는 유전자의 기능 규명

■ 2008년
- ▶ 조류독감 인체 간 감염 유발 경로 찾음(출처:《Nature Biotechnology》)
- ▶ 모유수유가 천식 등을 유발하는 항원에 대해 아이들을 어떻게 보호하는지에 대한 기전 규명(출처:《Nature Medicine》)
- ▶ 장내 세균과의 공생 기제 밝혀냈다(출처:《Science》)
- ▶ 인간배아줄기세포로 당뇨병 쥐 치료 성공(출처:《Nature Biotechnology》)
- ▶ 탈모유발 유전자 발견, 새 탈모약 개발 기대(출처:《Nature Genetics》)
- ▶ 암세포를 무제한 자라게 하는 '효소단백질' 확인(출처:《Nature》)
- ▶ 비만 원인 '유전자 네트워크 이상'(출처:《Nature》)
- ▶ 루게릭병 유발 '유전자' 찾음(출처:《Nature Genetics》)
- ▶ 운동신경세포 분화과정 규명(출처:《Developmental Cell》)

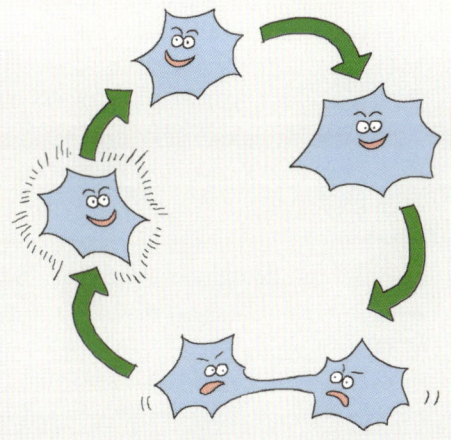

**생명공학 연표**

- 알츠하이머치매 '기억력' 떨어뜨리는 핵심 단백질 규명 (출처: 《Nature Genetics》)
- 배꼽시계 등 생체회로 조절원리 규명(출처: 《Science》)
- 예방법 없는 '말라리아' 백신 개발된다(출처: 《Nature Medicine》)
- 물체 인식과정 규명, 실명치료 도움(출처: 《Nature》)
- 항생제 '페니실린' 만드는 균 '유전자서열' 규명(출처: 《Nature Biotechnology》)
- 유전자 제어 마이크로RNA 조절·사멸 메커니즘 규명 (출처: 《Molecular Cell》)
- '소리' 잘 듣게 하는 귀 속 '단백질' 규명(출처: 《Nature》)
- 인체 세포 죽이는 단백질 규명, 새로운 항암제 개발(출처: 《Nature》)
- 日 연구팀 '암세포' 추적자 영상촬영물질 개발(출처: 《Nature Medicine》)

### 2009년
- 파킨슨병 등 신경퇴행성질환 유발 기전 규명(출처: 《Nature Medicine》)
- 염색체 응축 '단백질 복합체' 분자구조 규명(출처: 《Cell》)
- RNA 메커니즘 규명(출처: 《Cell》)
- '고혈압' 유발 유전자 변이 규명(출처: 《Nature Genetics》)
- 단백질과 패혈증의 원인 물질인 세균의 내독소가 결합된 복합체의 분자구조를 세계 최초로 규명(출처: 《Nature》)
- 당뇨 원인 인슐린 저항성 유발인자 발견(출처: 《Cell Metabolism》)
- 장(腸) 세포의 세균 제거 기전 규명(출처: 《Developmental Cell》)
- 소 유전자 지도 완성 '축산혁명'(출처: 《Science》)
- 미칠 듯한 가려움증 '긁어주면 좋아지는 이유' 규명(출처: 《Nature Neurons》)
- 다운증후군 '암' 잘 안 걸리는 이유 규명(출처: 《Nature》)
- 자도 자도 졸린 '기면증' 면역계 기능 부전이 원인(출처: 《Nature Genetics》)
- 체내 자연 발생 '표백성분' 상처회복 돕는다(출처: 《Nature》)
- 사람 줄기세포로 뇌졸중 쥐 치료 성공(출처: 《Gene Therapy》)
- 한국 남성 '유전자 서열' 밝혔다(출처: 《Nature》)
- NMR로 생체막 단백질 구조 규명(출처: 《Science》)
- 줄기세포 분화조절 단백질 발견(출처: 《Cell》)
- '새벽잠 없는 이유 있다', 적게 자게 하는 유전자 발견(출처: 《Science》)

### 2010년
- 배아줄기세포 치매치료제 국내서 첫 임상 실시
- 혈관치료용 마이크로 로봇 개발(세계 최초로 살아있는 미니 돼지의 혈관에 주입돼 이동하는 실험 성공)
- 0.3mm 핏줄까지 보이는 세계에서 가장 선명한 사람 뇌지도 『7.0 Tesla MRI Brain Atlas』 발간
- 나노 소재로 인공 광합성 성공
- 세계 최초 암 관련 신규 유전자 발굴
- 암 진행과 전이 메커니즘 규명

### 2011년
- 인체면역결핍바이러스 예방 치료 네트워크(HPTN) 052
- 밝혀진 인간의 기원: 현생 인류의 DNA 일부가 네안데르탈인 게놈과 연관되었다는 사실 발견
- 식물광합성 촉매 구조 규명: 물 분해 촉매가 되는 막 단백질 복합체의 구조 규명
- 말라리아 백신: 'RTS,S' 말라리아 백신이 아프리카 영유아의 말라리아 감염률을 50% 이상 감소시킴
- 인간 장 속 미생물: 인간의 장속 미생물이 혈액형과 같이 크게 3가지로 나뉨. 군집 종류에 따라 질병, 체질, 식습관이 달라짐
- 노화세포 제거: 실험쥐의 노화세포를 제거하자 백내장, 근육 손실 등의 현상이 사라지고 나이 들어도 운동능력 저하되지 않는다는 사실 발견

### 2012년
- 한국 식약청서 동종(타가) 줄기세포 치료제 판매를 세계 최초로 승인
- 유럽의약청(EMA)이 서구 최초로 유전자 치료제를 승인하고 희귀유전질환 지단백 지질분해효소결핍증 (LPLD) 치료제 글리베라(Glybera) 판매를 허가
- 먹는 C형간염치료제, 미국 FDA 승인
- 한국기업 셀트리온, 세계 최초의 항체 바이오시밀러인 '램시마' 출시
- 뇌신경세포 신호전달 원리 규명

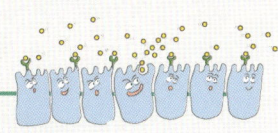

- ▶ 체세포를 성체줄기세포로 직접교차분화를 유도하는데 성공
- ▶ 아시아인 당뇨-비만에 관계하는 새로운 유전변이 현상 및 요인 발견
- ▶ 자폐증에 관여하는 새로운 유전자 및 발병 원인 발견

### 2013년

- ▶ 인간 배아줄기세포 복제 성공. 태아의 피부세포를 핵을 제거한 난자에 융합시켜 인간 배아줄기세포를 만들고, 이후 심장세포로 자라게 하는 데 성공
- ▶ 'DNA 백과사전' 완성. 기능이 거의 없어 98%의 쓰레기 DNA(Junk DNA)의 기능이 거의 없고 정체가 불투명한 쓸모없는 유전자들로 '쓰레기'가 인간 질병과 돌연변이에 관여한다는 사실 규명

- ▶ 유도만능줄기세포(iPS) 임상 연구를 세계 최초로 승인. 삼출형가령황반변성(滲出型加齡黃斑変性)이라는 눈의 난치병의 환자로부터 만들어낸 iPS를 망막색소상피세포로 변화시켜 손상된 부분에 이식하는 방식
- ▶ iPS 이용해 인간의 '간' 조직 배양 성공
- ▶ 대사공학 기술을 이용해 대장균으로 휘발유 및 벤젠의 인공합성에 성공
- ▶ 태아 중뇌에서 추출한 줄기세포로 만든 '도파민 신경전구세포'를 파킨슨병 환자의 뇌 피각부에 이식하는 데 성공
- ▶ mRNA의 비정상적인 기능 인식과 제거에 관한 메커니즘 규명
- ▶ 포유류 신경 재생 메커니즘 규명. 포유류의 말초신경 재생 메커니즘 규명. 중추신경에 적용할 경우 하반신 및 전신 마비환자 치료 가능성 열려

**출처:** 생명공학 연표(미래창조과학부)

Foreign Copyright:
Joonwon Lee    Mobile: 82-10-4624-6629
Address: 3F, 127, Yanghwa-ro, Mapo-gu, Seoul, Republic of Korea
          3rd  Floor
Telephone: 82-2-3142-4151
E-mail: jwlee@cyber.co.kr

## 날로먹는 분자세포생물학

2022. 11. 16. 1판 1쇄 발행
2025.  1. 15. 1판 2쇄 발행

| | | |
|---|---|---|
| 지은이 | \| | 신인철 |
| 펴낸이 | \| | 이종춘 |
| 펴낸곳 | \| |  |
| 주소 | \| | 04032 서울시 마포구 양화로 127 첨단빌딩 3층(출판기획 R&D 센터)<br>10881 경기도 파주시 문발로 112 파주 출판 문화도시(제작 및 물류) |
| 전화 | \| | 02) 3142-0036<br>031) 950-6300 |
| 팩스 | \| | 031) 955-0510 |
| 등록 | \| | 1973. 2. 1. 제406-2005-000046호 |
| 출판사 홈페이지 | \| | www.cyber.co.kr |
| ISBN | \| | 978-89-315-5898-2 (17470) |
| 정가 | \| | 20,000원 |

### 이 책을 만든 사람들
책임 | 최옥현
진행 | 조혜란, 김해영
교정 · 교열 | 김해영
본문 · 표지 디자인 | 상:想 company
홍보 | 김계향, 임진성, 김주승, 최정민
국제부 | 이선민, 조혜란
마케팅 | 구본철, 차정욱, 오영일, 나진호, 강호묵
마케팅 지원 | 장상범
제작 | 김유석

이 책의 어느 부분도 저작권자나 BM (주)도서출판 성안당 발행인의 승인 문서 없이 일부 또는 전부를 사진 복사나 디스크 복사 및 기타 정보 재생 시스템을 비롯하여 현재 알려지거나 향후 발명될 어떤 전기적, 기계적 또는 다른 수단을 통해 복사하거나 재생하거나 이용할 수 없음.

■ 도서 A/S 안내

성안당에서 발행하는 모든 도서는 저자와 출판사, 그리고 독자가 함께 만들어 나갑니다.
좋은 책을 펴내기 위해 많은 노력을 기울이고 있습니다. 혹시라도 내용상의 오류나 오탈자 등이 발견되면 **"좋은 책은 나라의 보배"**로서 우리 모두가 함께 만들어 간다는 마음으로 연락주시기 바랍니다. 수정 보완하여 더 나은 책이 되도록 최선을 다하겠습니다.
성안당은 늘 독자 여러분들의 소중한 의견을 기다리고 있습니다. 좋은 의견을 보내주시는 분께는 성안당 쇼핑몰의 포인트(3,000포인트)를 적립해 드립니다.
잘못 만들어진 책이나 부록 등이 파손된 경우에는 교환해 드립니다.